干旱区城市生态基础设施规划研究

付宗驰　武文丽　袁　也　黄春波　著

U0262211

西北工业大学出版社

西安

【内容简介】 本书共分为 5 个章节,在梳理和总结生态基础设施相关理论的基础上,以西北干旱区绿洲城市——新疆维吾尔自治区昆玉市生态设施建设规划与实践为例,从区域、城市、局部三个尺度界定研究内容,明确技术路线与基本方法,基于生态敏感性的角度进行生态特征总结与问题识别,得出生态适宜性评价结果;分析区域水文过程,进而划分和构建防护区生态空间的位置及规模;综合城市地形地貌、水文地质、植被土壤等条件,筛选适地树种,建设绿色生态网络体系,实现城市雨洪管理。从而有效衔接多尺度城市生态设施建设规划与实践,形成昆玉市城市生态设施规划、防洪体系专项规划、绿色生态网络规划的协调统一。

本书适合高等院校城市规划、风景园林等相关专业的学生研读,也可作为相关专业从业人员的参考用书。

图书在版编目(CIP)数据

干旱区城市生态基础设施规划研究/付宗驰等著
—西安:西北工业大学出版社,2019.9
ISBN 978-7-5612-6629-8

Ⅰ.①干… Ⅱ.①付… Ⅲ.①干旱区-基础设施-城市规划-研究 Ⅳ.①TU984

中国版本图书馆 CIP 数据核字(2019)第 212388 号

GANHANQU CHENGSHI SHENGTAI JICHU SHESHI GUIHUA YANJIU
干 旱 区 城 市 生 态 基 础 设 施 规 划 研 究

责任编辑:万灵芝	策划编辑:杨 军	
责任校对:雷 鹏 张 晖	装帧设计:李 飞	

出版发行:西北工业大学出版社
通信地址:西安市友谊西路 127 号   邮编:710072
电   话:(029)88491757,88493844
网   址:www.nwpup.com
印 刷 者:兴平市博闻印务有限公司
开   本:727 mm×1 000 mm   1/16
印   张:12.375
字   数:229 千字
版   次:2019 年 9 月第 1 版   2019 年 9 月第 1 次印刷
定   价:48.00 元

前　　言

　　近年来,快速城市化使得城市生态系统面临日益严峻的挑战,对于生态本底薄弱的城市则更是如此。所以,城市发展与生态保护之间亟待一个平衡。生态基础设施的构建对于保障城市生态安全、实现城市可持续发展有着深远意义,同时也是生态学研究领域的热点之一。

　　新疆位于中国西北部,地处亚欧大陆中心,形成了典型的温带大陆性干旱气候,昼夜温差大,日照时间充足。由于陆地面积较大,南、北疆气候也存在一定差异,南疆气温高于北疆,北疆的降水量高于南疆。与此同时,南疆城镇大多为人工建立的生态绿洲,零星分布在沙漠和戈壁边缘,其生态系统处于不稳定的临界状态。因此,如何以正确的生态价值观、有效的生态方法论在干旱区绿洲城市规划设计实践中保障城市生态安全成为目前亟待解决的问题。

　　本书在对成熟的生态规划设计理论和方法的总结研究基础上,选取南疆典型的干旱区绿洲城市——昆玉市作为研究案例,借助 ArcGIS 平台从绿地生态设施建设规划、区域径流分析与防洪规划、严酷环境生态修复与绿化植被建设三个方面开展研究。通过生态适宜性评价构建市绿色生态网络屏障,并通过多尺度水文分析促进城市雨洪管理利用,最后,通过筛选适地树种增强绿地生态系统稳定性,以期在满足城市生态格局和功能建设要求的前提下,找到南疆干旱区绿洲城市生态路径发展的新模式,为南疆其他新建城市提供思路和方法。

　　全书共 5 个章节。

　　第 1 章为绪论。阐明编撰本书的背景、目的及意义,将生态基础设施的理论研究与实践案例研究相结合,总结和梳理生态规划的相关内容并提出展望。

　　第 2 章介绍研究区概况并明确案例分析的主要内容。从昆玉市区位概况、自然条件及社会经济发展三个方面进行阐述并明确研究内容。主要研究内容包括三个方面:基于生态适宜性评价的昆玉市绿地生态设施建设规划研究、基于 ArcGIS 平台的昆玉市区域径流分析与防洪规划、基于实地调研的昆玉市严酷环境生态修复与绿化植被建设研究。

　　第 3 章为昆玉市绿地生态设施建设规划研究。依据 PSR 模型建立 3 个指标组并针对性地选取 10 个生态因子进行分析,利用层次分析法评价绿地现状并为规划后的区域进行绿地功能分区。

第 4 章为昆玉市区域径流分析与防洪规划。从区域水文过程分析和防洪区汇水分析两个方面入手,通过 GIS 的水文分析模块获取汇水分析区内的最大洪水总量,为城市洪水规划提供科学依据。

第 5 章为昆玉市严酷环境生态修复与绿化植被建设研究。在梳理南疆干旱区绿洲城市主要绿化树种及生态习性的基础上,测定昆玉市土壤理化性质及主要绿化树种生理指标,筛选出适合昆玉区域的抗旱、抗寒、抗风等园林植物种类。

本书是对生态基础设施建设规划和实践的补充与延续。建议读者结合实际情况,在把握本书结构布局的基础上循序渐进,掌握生态基础设施规划相关理论的大致内容,将每个章节的通读与精读相结合,明确实践和落实生态基础设施规划与实践的具体技术路线与方法。

本书受新疆生产建设兵团社科基金"基于兵地融合思想的兵团小城镇居住形态研究"及石河子大学横向课题"昆玉市生态基础设施规划研究"项目支撑,并由多位作者合作完成。第 1~2 章由武文丽、袁也编写,第 3~4 章由袁也、黄春波编写,第 5 章由付宗驰、武文丽编写。

由于笔者能力有限,书中难免有不足之处,敬请读者批评指正。

著　者

2019 年 5 月

目　　录

第1章　绪论 ……………………………………………………………… 1

1.1　引言 ………………………………………………………………… 1

1.2　国内外研究现状 …………………………………………………… 4

1.3　生态基础设施规划的内容 ………………………………………… 9

1.4　我国生态基础设施发展的启示 …………………………………… 10

第2章　干旱区城市生态基础设施案例研究——昆玉市概况 ……… 12

2.1　昆玉市区位概况 …………………………………………………… 12

2.2　昆玉市自然条件概况 ……………………………………………… 12

2.3　昆玉市社会经济发展概况 ………………………………………… 13

2.4　昆玉市生态基础设施研究内容 …………………………………… 14

第3章　昆玉市绿地生态设施建设规划研究 ………………………… 16

3.1　研究目的与意义 …………………………………………………… 16

3.2　研究区范围的确定 ………………………………………………… 17

3.3　研究数据源、研究方法和技术路线 ……………………………… 18

3.4　昆玉市绿地生态适宜性分析 ……………………………………… 23

3.5　昆玉市绿地生态设施适宜性分区与规划建设对策 ……………… 43

第4章　昆玉市区域径流分析与防洪规划 …………………………… 50

4.1　研究数据源与研究过程 …………………………………………… 50

4.2　区域径流分析 ……………………………………………………… 53

4.3　防洪区汇水分析 …………………………………………………… 61

4.4　防洪对策分析与规划建议 ………………………………………… 65

第 5 章　昆玉市严酷环境生态修复与绿化植被建设研究 ······················ 69

5.1　研究目的及意义 ··· 69

5.2　研究内容与方法 ··· 69

5.3　研究过程与结果 ··· 69

参考文献 ··· 190

第1章 绪 论

1.1 引 言

1.1.1 生态可持续理念的贯彻落实

1984 年联合国教科文组织实施的"人与生物圈计划"(MAB)中,提出了生态城市规划五项基本原则(生态保护战略、生态基础设施、居民的生活标准、文化历史的保护、将自然融入城市),其中生态基础设施表示自然景观和腹地对城市的持久支持能力。国内对于生态基础设施方面的研究较少,从区域生态基础设施的宏观大背景和社区生态基础设施的微观需求进一步分析城市生态基础设施不同层次的安全水平,则尚未见研究。

区域生态系统的可持续发展取决于其生命支撑系统的健康与活力,而这个支撑系统的健康与活力取决于其关键性结构,即生态服务功能的强弱及生态基础设施的承载能力。21 世纪,随着世界范围内城市化进程的加速,环境问题日益凸显:水体污染、大气污染、洪涝灾害、城市热岛效应等已不容忽视。生态环境问题成为人类社会可持续发展的最大瓶颈。只有健康的生态系统,才能为人类的可持续发展提供源源不断的生态服务。而这种生态服务功能所包含的内容恰恰通过生态基础设施规划的落实可以做到。

随着城镇化进程的不断深入,改变粗放的发展模式,推动生态宜居的新型城镇化建设已经成为提高人民幸福感、归属感的迫切需求。在《国家新型城镇化规划(2014—2020 年)》中也明确提出,城镇化发展应坚持走"以人为本、四化同步、优化布局、生态文明、文化传承"的新型城镇化道路:应把生态文明理念全面融入城镇化进程,着力推进绿色发展、循环发展、低碳发展,节约集约利用土地、水、能源等资源,强化环境保护和生态修复,减少对自然的干扰和损害,推动形成绿色低碳的生产生活方式和城市建设运营模式。因此,探索"以人为本,生态优先"的区域特色新型城镇化的发展模式也成为新疆生产建设兵团新时期"三化建设"的首要目标。

从提出"美丽中国",到提倡"生态文明建设",再到推广"海绵城市",政府层面对生态思想大为支持,大规模的投资和推广为我国城市生态基础设施建设提供了广阔的规划前景和良好的发展契机。因此,干旱区绿洲城市的绿化与景观生态设施建设必须以当地严酷的自然条件和特殊生境为条件,以总体规划为依据,以生态规划为发展途径,以防护规划、树种规划为保障,以开发利用乡土绿化植物为重点,开展物种资源筛选、建设与管护研究与示范,构建节约型、美观型、特色型城镇绿化与景观生态系统。以解决城市建设过程中的水资源供需矛盾为目标,探究基于生态基础设施的城市滨河公共空间实现合理、长远的规划,探索实现城市可持续建设与发展的规划方法,从而进一步加强城市规划空间管制,保障当地生态安全,改善城镇人居环境,实现"水、绿、人、城"的良性循环。

1.1.2　城市规划过程与城市发展现状失衡

传统城市规划是一个城市的建设用地规划,而城市的绿地系统和生态环境保护规划事实上是被动的点缀,是后续的和次级的,因此自然过程的连续性和完整性得不到保障。与此同时,城市规模和用地功能布局可以是不断变化的,而由河流水系、绿地走廊、林地、湿地等构成的城市生态基础设施则永远为城市所必须,是需要恒常不变的。随着城市化进程中的城市扩张,城市规划者在进行城市规划和设计时应该在区域尺度上首先规划、保护和完善非建设用地,而不是传统的建设用地。换言之,也就是在进行城市总体规划之前先规划城市生态基础设施。

在生态规划浪潮的背景下,生态基础设施规划是其重要的一个方面,而只有合理的生态基础设施规划才能为人们提供高品质的生态服务。就国内生态基础设施规划方法体系来讲,存在着比例、分类和指标等多方面的局限性,本应维护区域与城市生态安全的生态基础设施远远不能达到应有的生态服务功能水平,生态服务功能与生态基础设施规划现状严重失衡。此外,城市在发展过程中改变了土地表面的自然属性,大面积不透水的硬质下垫面构成了城市公共空间中的主要组成部分。

基于生态服务功能与生态基础设施规划现实的不一致性,为解决城市生态服务功能与生态基础设施之间的矛盾,本书旨在通过提升生态服务功能的核心价值来引导城市生态基础设施的建设,通过探究区域的特质性,来研究生态服务功能导向下的城市生态基础设施构成要素及各要素间的逻辑组织关系,并试图归纳出具有前瞻性的规划策略用以指导昆玉市生态基础设施的建设,进而实现高效地维护人们享受生态服务质量的目标。主要有以下两个方面:

(1)保证城市生态安全的最小发展空间,为城市及其居民持续地提供相应的生态服务,使城市生态基础设施起到应有的"生态基础"作用,从而促进城市生态基础设施的规划与建设,为实现可持续发展的生态城市提供基础支持。

(2)传承并转变传统城市规划思路,指导城市规划和城市发展。为区域规划、城市总体规划和社区规划提供一定的参考依据,为城市发展模式选择、城市用地适宜性选择和城市空间形态拓展提供理论上的支持。

1.1.3　干旱区城市生态基础设施建设的必要性

昆玉市为典型的干旱区城市,是 2016 年批复设立的新型城市,分布于南疆和田地区墨玉县、皮山县、策勒县,东临和田市约 70 km,西距喀什市 380 km。地处塔克拉玛干大沙漠南缘、昆仑山北麓,西部受天山阻挡、南部受昆仑山阻隔,海洋暖湿气流难以进入,导致水汽缺乏,形成典型暖温带大陆性干旱气候。降水量少、气候干燥、蒸发强烈,地区年降水量约 35 mm,年平均蒸发量约 2 480 mm,又由于地处东北风与西北风交汇处,加之地表植被稀疏,风蚀危害严重,极易形成沙尘暴,土壤沙漠化威胁严重,生态环境较为恶劣。因此,加强雨洪管理、注意城市续调、巩固风沙防护并营造生态景观成为昆玉市所面临的主要问题。与此同时,昆玉市由新疆生产建设兵团进行管理,有着独特的战略意义:一方面,消除南疆不稳定因素,维护边疆的稳定;另一方面,理顺兵地关系,促进南疆社会经济发展。因此,建设生态和谐、市民宜居的昆玉市对南疆地区的稳定有着重要的战略意义。具体总结为以下三个方面。

(1)通过绿地生态设施建设规划,构建昆玉市防风固沙的生态网络屏障,有利于保障城市生态安全。从新疆生产建设兵团各师生态安全综合评价中可以看出,昆玉市就处在生态较不安全的核心区域。造成生态不安全的原因主要是较低的降水量和因之而引起的干旱,如第十三师和第十四师降水量都不足 100 mm。除此以外,一定的社会经济因素也会加剧或直接引起生态不安全,如过快的人口增长(昆玉市人口自然增长率为 11.27%)、经济发展落后、卫生医疗条件低下等。对昆玉市的发展而言,如无外力介入和干扰,和田地区对生态环境的消费将彻底形成一个过度内耗的封闭结构,即耗散系统,终将走向系统的分解——沙漠化和城市消亡。

因此,通过构建昆玉市绿地生态设施的规划体系,以生态设施的适宜性为绿地建设的依据,划分城市中绿地适宜建设、不适宜建设的区域,对绿地系统的适应性、可持续性提供了保障及依据。对中心城区外围适宜建设的绿地区域,以栽植防风固沙林、植被修复林、经济林的生态治理方式,构筑城市的外围天然和人工生态屏障,不仅能有效改善市域内部生态环境,对建设和恢复市域外部的生态、保障城市的生态安全也有重要意义。

(2)通过防洪规划与雨洪管理的新理念,拓展南疆城市雨洪管理利用的新模式。针对昆玉市水资源短缺、水环境污染和洪水灾害等问题,应全面统筹考虑雨水、洪水的资源价值,从单纯意义上的抗洪过渡到利用洪水及雨水的思路中来。通过合理的生态工程措施削减洪峰,提高雨水资源利用率。其主要方法有雨水调蓄、雨水渗透和雨水直接利用。随着研究的进展,越来越多的研究将雨水水质管理、洪水管理和城市开发对城市水文过程的影响综合起来考虑和解决,用来管理洪水和管理雨水水质的工程性的和非工程性的设施在空间上往往重合。沿河的支流水系、湿地湖泊、水库以及一些低洼地是相互补充的洪水调节涵蓄系统,安全格局就是从整个流域出发,留出可供调、滞、蓄洪的湿地和河道缓冲区,满足洪水自然宣泄的空间。通过控制一些具有关键意义的区域和空间位置,最大限度地减小洪涝灾害程度,达到安全的目标。

(3)通过树种规划增强绿地生态系统稳定性,改善居民居住环境,提高居民的幸福感。与一般区域相比,昆玉市面临着干旱缺水、风沙频繁、寒暑异变的严酷自然条件,昆玉市城镇绿地系统的建设中一味引进和照搬国内外城市绿化模式,大量引进外来园林绿化植物和树木,造成城市绿化与管理成本高、生态环境效益低、地域特色不明显等问题。随着城镇化水平的迅速提升,严酷环境下的城镇建设对绿化、美化双重功能的城市绿地系统建设需求更为迫切。因此,如何实施本地植物资源和引进物种的结合,既突出城市地域特色,又维持城市生态系统的稳定性;如何利用本地物种资源,既突出绿化系统的功能性,又彰显绿化系统的美观性;如何有效降低城市绿地系统建设和维护成本,降低绿化建设的资源与能源消耗;如何通过城市防护规划、生态规划找到城市发展的生态路径,是昆玉市生态城镇建设亟须突破的问题。

1.2 国内外研究现状

1.2.1 生态基础设施的概念

生态基础设施(Ecological Infrastructure,EI)的概念最早见于 1984 年联合国教科文组织实施的"人与生物圈计划"(MAB)的研究。MAB 针对全球 14 个城市的城市生态系统研究报告中提出了生态城市规划五项原则,其中生态基础设施表示自然景观和腹地对城市的持久支持能力。随后,这个概念在生物保护的领域得到应用,用以概念标识栖息地网络的设计,强调其对于提供生物栖息地以及生产能源、资源等方面的作用(Mander,1988;Selmandvan,1988)。该概念提出初期,生态基础设施主要应用于欧洲生物栖息地网络的设计,但如今其涵盖范围已大大拓展,并深入到城市规划领域,在区域生态安全格局及城市基础设施规划中得到应用。

生态基础设施的定义分为两个层面:在区域和城市的宏观层面,生态基础设施是一个利用自然区域和其他开放空间来保存自然的生态价值并应对城市问题和气候挑战的网络系统;在场地的微观层面,生态基础设施是人工基础设施与生态景观的整合,包括城市河道、街道、雨水管理系统、构筑物、废弃地等人工基础设施的景观改造途径。在宏观层面,生态基础设施的主要功能侧重于恢复生物多样性,保护自然生态网络,适应气候变化,提供农产品和食物,提高空气质量等;在微观层面上,生态基础设施的主要功能是缓解灰色基础设施压力并改善区域环境,这涵盖了城市雨洪管理、减少热岛效应、提高水体和土壤质量、发展可持续能源及通过公共空间的改善提高人类生活品质等。

1.2.2　国内外生态基础设施实践案例

1.2.2.1　深圳市罗湖城市改造(Luohu Streetscape Renovation)

罗湖区作为深圳市最早开发的城区,是连接深港的门户,如图1-1所示。多年来,受交通量增长和人为因素、自然因素等的影响,罗湖区早年建设的交通系统通行能力、经济性变差,部分街道空间面貌陈旧、设施老化,个别区域也因城市规划和人口扩大而发生了功能变化。本项目旨在系统性地改善城市风貌,以匹配未来城市更新的方向与罗湖区的发展定位,提升公共空间品质与使用体验,并彰显深圳作为首个经济特区的个性。规划总图如图1-2所示。

图1-1　区位分析

图1-2　规划总图

设计方案立意于从罗湖桥到"深港绿脉":运用公共开放空间和交通枢纽催化罗湖区发展转型;转化城市工业用地为与城市生活密切相关的功能用地,加强城市内部连接;更新改造城市重要片区以优化城市总体结构;统整现有街道以凸显公共街道的特色并整体性地提升慢行体验;推进增建项目以系统性地改善城市形象。在设计远景中,如图 1-3 所示,深港铁路与布吉河形成的南北向线性廊道将转化成为城区中央的"深港绿脉"(见图 1-4),连接了罗湖口岸及新规划的笋岗片区等城市核心区,催化周边地区的城市更新与产业升级,以成为罗湖面对香港乃至世界的崭新门户。

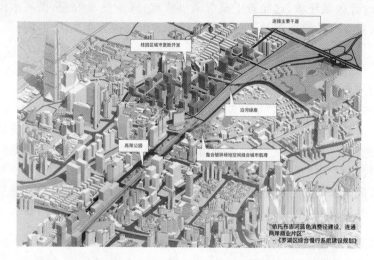

图 1-3　沿河绿廊连接罗湖口岸和新规划的城市核心区

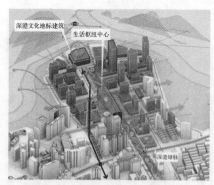 

图 1-4　沿河绿廊转化为城区中央的"深港绿脉"

方案重新定义了各街道的特色,建立了连通便捷、路权独立的自行车道系统以及安全、特色的步行环境,整体提升了街道慢行体验。针对不同街道,设计采用多样化的空间组织方式,以承载不同的公共活动,满足罗湖区商业、办公、居民、政府机关等多种人群对街道公共空间的不同需求。通过系统性的组织与更新,焕然一新的街道网络将成为深圳市民多彩生活的空间载体。街道的设计整合了七个方面的设计考量:道路交通、活动空间、建筑立面、雨洪管理、植物种植、街道陈设以及标识系统。通过一体化设计,整体提升了街道服务能力和空间品质。

作为连接慢行系统的重要元素,现状门户步行桥也在本轮设计中得到了改造提升。新增加的无障碍通道为所有人提供了平等便利的过街机会;竹材与新型张拉膜结合的棚架呼应了当地气候特点,为行人遮阴避雨。火车站的立面改造设计根据热力对流促进室内通风的原理,用新颖节能的建筑表皮为乘客提供更舒适的候乘空间,同时注入更多的服务功能,将其由功能单一的交通节点转换为富有活力的生活中心。火车站站前广场的设计强调了其作为火车站这个城市客厅的户外延伸并扩大了它的使用人群。广场与车站的地下部分一体化开发,广场的地面景观创造了有绿荫庇护的休息与交流空间,不仅服务于来往的旅客,也为这个高密度开发的区域打开了一处宝贵的公共开放空间。

1.2.2.2 摩尔广场(Moore Square)

摩尔广场占地面积为 16 187.4 m²,距今已有 220 年的历史,是威廉·克里斯摩斯 1792 年为卡罗来纳州北部的罗利市规划的五大广场之一。在现存的三个广场中,联合广场(Union Square)现已成为北卡罗来纳州首府用地,纳什广场(Nash Square)则成为 19 世纪的漫步花园和纪念广场;但是摩尔广场始终是一片公共绿地,深受罗利市民喜爱,并被列入国家历史名胜名录。如今罗利市人口是初建时的 400 多倍,人们对公园绿地的需求也不断增长,摩尔广场的存在正是为了满足这一需求,但最初规划的公共空间网络却已退化了50%。在摩尔广场周围繁华的城区,包括儿童博物馆、公共交通系统、历史名城市场、热闹的餐厅、酒吧和咖啡厅在内的地区,这种需求的增长显而易见。

但是这块城市瑰宝正在走向破败,急需改建以适应罗利市繁荣的城市生活。摩尔广场的整体规划是基于其最独特、最显著的特点设立的,通过打造中心城市地形,拓展其空间上、经验上和规划上的范围。这一设计特征将从功能上和视觉上将广场划分出几个特别的空间,满足更多人群的需求。中心地形概念巧妙地打破了传统的棋盘式道路结构,充分激发了广场的潜力,增修了36%的道路,可占用阴影面积增为原来的 2.5 倍,树林覆盖面积增加了 39%,

专用休息区增加了 10 倍,原生栖息地扩大为原来的 3.45 倍,同时保持 95％ 的地方视野开阔。这种简单的干预将广场功能拓展到最大化,在这个广场上, 人们将有更多的娱乐选择和体验,这样的户外环境将占地面积和多功能花园 放在首位。广场将成为一个多维度的开放草地,具有良好的前景和广阔的绿 地,既可用于紧急避难,还可用于休闲娱乐。游玩摩尔广场就像一次探索旅 行,美丽的奇景和变幻多端的体验正等着人们开启。

摩尔广场在这座城市厚重的历史中发挥着很多不同的作用,比如用于放 牧的公共场地,军事阅兵场,南北战争重建时美国黑人士兵营地,教堂和学校 场地,还有历史悠久的 Black 主街和城市市场。根据总体规划,摩尔广场的未 来发展方向可能是申请国家历史古迹,并根据内政部标准改造成具有制定特 性的广场。设计团队并没有为了复原衰退的人文景观而在设计和保留原景之 间找一个折中的方法,而是将规划视作一个解读、编排和扩大当地环境的一个 创造性行为。广场的物理特性自建造以来经历了巨大的变化,但同时它的公 共空间属性也满足了城市不断变化的需求。

广场现址有大片的树林覆盖,对城市设施的长期的保护、优化是设计的主 要考虑因素。设计的主要原则是可持续性原则,这包括一系列元素,比如长期 的树木管理、场地规划和选材。对现有树木的保护和寿命的考虑帮助完善了 项目的各个方面,从而引发出一些创新的设计,如抬高路面,利用墩子做成边 缘系统保护树木保护区,嵌入中央地貌内的地上基础设施核心,以及景观动态 循环系统。当地地形可以收集并再利用雨水,同时栽种本地植物丰富栖息地。 设计中原来的路径都没有改动,尽可能减小对植物根部的破坏,仅把花槽移除 以增加景深。现有的铺路材料将被回收做新广场内铺路图案的材料,在那 里可以举办大型表演和即兴表演活动。广场地形有很多是自然形成的,北面 的缓坡成了天然的露天竞技场,人们还可以在那里沐浴日光,欣赏美景。规划 还设计了一系列可持续项目,如将雨水收集到雨水花园、在自然区增加生物栖 息地等,确保该设计有利于生态系统,同时打造一个安静的阅读环境和赏鸟 胜地。

北部的缓坡成为标志性的"社交发动机",在草坪上可以举行许多正式与 非正式的活动。突起的地形起到地面公共设施核心的作用,可以把对根部系 统的破坏降到最低,同时设有雨水蓄水池、盥洗室和杂物间。多功能南部地形 生长着本地植物和出露岩石,可用作聚会区、生物栖息地和孩子们玩耍的地 方。景观类型、规划和现有树木的分层编织了一块神圣而富有生机的场地,符 合广场深厚的人文背景。

城市广场有大量非裔美国遗产,是深受欢迎的观光胜地,这里有很多即兴表演,人们可以感受到罗利市的活力。咖啡厅和公共浴室是游客的好去处,不仅有可口的甜点,还让市民成为广场的主人,尽情享受多姿多彩的都市生活。这些丰富多样的景观元素使摩尔广场的改造成为该城市的重点示范项目。保护性建设技术可以保护历史悠久的橡木园,同时赋予广场更多的占地和娱乐空间。这种全面的总体规划力求创造一个值得尊重和具有前瞻性的设计框架,让这个已有 220 岁高龄的广场带着历史的荣耀,蜕变成全民瞩目的世界级的公共空间。

1.3　生态基础设施规划的内容

1.3.1　区域尺度——城市生态适宜性评价的依据

生态基础设施的重要应用领域之一,就是识别和定位生态网络要素。生态适宜性评价是通过综合考虑各个生态因子的影响来划定不同适宜度分区,从而在生态安全的角度上保证土地开发利用活动对生态环境的破坏达到最小。一般的评价步骤为在确定研究区域的基础上筛选生态因子,通过数据计算和图层叠加识别不同的生态网络,综合考虑其影响权重制定评价体系,划定适宜程度分区进行评价。

随着生态学理论的完善和地理信息系统(Geographic Information System,GIS)技术的普及,越来越多的学者意识到孤立地划定自然区域并加以保护是远远不够的,而生态基础设施作为自然资源和生物多样性的保护手段,也需要更大区域和景观尺度内的研究。基于 GIS 的生态适宜性评价能够将资源现状地图数字化,并进行复杂的空间分析、网络分析等专项分析,其研究也从单一的生态基础设施选址、居住区适宜性分析逐渐转变为协调和优化城市发展与生态保护之间关系的土地评价。

1.3.2　城市尺度——城市绿色生态网络的规划

生态基础设施是一种自然区域和其他开放空间相互连接的网络,该网络有助于保存自然的生态价值和功能;有助于提供和涵养水源,缓解热岛效应;有助于进行土壤调节,同时促进土壤形成和养分循环。自然环境与城市绿色空间本身就具有复合的生态效益,包括吸附粉尘、减少污染、净化空气等作用,也能够在满足公共服务功能的同时美化城市,提升居民生活品质。但由于城市用地的破碎化,当缺乏完善的绿色生态网络体系时,这些多重功能和效益只能个别、部分得以体现。因此,城市生态基础设施的构建也是一个规划多功能的绿色生态网络的过程。应从功能单一的元素入手,如城市道路、河流堤岸、建筑屋顶等,将低影响交通、可持续能源、城市绿色空间等一系列城市绿色生态网络元素相互交织、相互叠加形成一种多功能的生态体系网络,融入城市基础设施建设中。

1.3.3 局部尺度——城市雨洪管理景观的营造

受美国的低影响开发、英国的可持续发展排水系统以及澳大利亚的水敏感性设计等规划理念和设计方法的影响,目前国内外生态基础设施在局部尺度上的研究与实践主要集中在"绿色街道"和"雨水花园"两个方面,在理论上强调采用生态和近自然的生态措施手段,充分发挥城市自然生态系统在涵养水源、调蓄雨洪、净化径流污染、水质保护、雨水资源化利用等方面的生态系统综合服务价值,在方法上通常是运用自然的手段,对城市雨水管网的雨水实行截流,用景观种植池、植草沟、雨水花园、生态屋顶等过滤雨水径流,充分利用大自然本身对雨水的渗透、蒸发和储存功能,促进雨水下渗,回补地下水源,减少二次污染。与此同时,面对城市用地面积紧张、城市密度高和可持续发展的要求,更具现实意义的是把城市雨水管理基础设施和公园相结合,进行协同整合和统筹建设,通过科学合理的规划设计,协调自然和人工景观,在公园层面上实现基础设施功能与景观和生态功能的无缝衔接,形成二者在空间上相互交织和组合的统一体,从而维护和提升城市自然水文循环过程,进而实现城市的永续发展。

1.4 我国生态基础设施发展的启示

1.4.1 我国生态基础设施规划中存在的问题

由于生态基础设施是一项复杂的结合多学科的研究,其内容涉及城市历史、建筑、生态、交通、水文、政治、政策等诸多方面,全面地介绍生态基础设施的理论与实践是一个非常庞大的课题,很难通过有限时间的理论认知概括其研究的全部内容。目前,国内的生态基础设施建设过程中存在的主要问题可以总结为以下几点。

(1)法律法规体系中缺乏关于土地开发和生态建设的要求。在我国生态基础设施推行的最大软肋是缺乏相关的政策法规支撑。目前我国城市建设的速度极为迅速,土地开发者往往只注重短期利益,缺乏对于生态基础设施的全面认识,不愿在生态保护方面投入资金。由于缺乏法律法规的硬性限制,我国很多城市地域存在着无序开发、肆意蔓延的情况。

(2)盲目地强调功能资源的高效集中。集中的资源可以使城市基础设施的利用效率更高,但这也是有一定限度的,当城市承载超过了基础设施的负荷限度就会对城市生态系统产生较强的破坏性,这也正是我国近年来多地出现雾霾等气象灾害的根本原因。

(3)城市生态基础设施规划缺乏多学科的整合。生态基础设施是一门结合城市建筑、规划、水文、气象、政策等多种因素的复合学科,因此在规划初期就应有多方部门的参与。而我国的规划往往固守流程,部门与部门之间的沟通合作存在严重的割裂现象。

1.4.2 对我国建设生态基础设施的展望

随着"生态城市"概念在我国的推进,我国开展了诸多基于生态基础设施的建设实践,但还属于城市绿地规划的范畴,属于城市规划进程中的附属规划,并不能真正做到指导城市生态文明建设的高度。因此,生态基础设施应该在城市开发前被规划和保护,发挥保护和开发框架的功能,为未来城市增长提供框架指导。同时,城市生态基础设施需从大尺度层面整体考虑,再向城市、社区层面逐步分解,最终落实到地块层面,应发掘城市生态基础设施的多功能性,因地制宜地实现城市资源管理与城市公共空间利用的结合。

生态基础设施的规划与建设发展有着不可估量的潜力和广阔的应用前景,我们应该进一步完善相关的知识体系,健全相关法律法规,为未来的城市生态化建设提供坚实的理论指导。在当今社会,城市化已经是不可避免的趋势,而田园城市等理想模式中通过限制城市发展而保护环境平衡的模式,在中国这样人口密度高、急速发展的国家中注定是不切实际的。因此,比起一味地限制和回避,正视城市基础设施的必要和建设趋势,并对传统的城市基础设施模式进行更新和强化,才是当今城市建设中的必然趋势。

第2章 干旱区城市生态基础设施案例研究
——昆玉市概况

2.1 昆玉市区位概况

昆玉市地处昆仑山北麓、塔克拉玛干沙漠南缘的新疆和田地区,属努尔河、喀什河流域,分布于山区和平原两大地貌单元上,全部在和田地区范围内。昆玉市所辖农牧团场分布在和田地区的皮山县、墨玉县、策勒县和洛浦县境内,地跨四县一市,直线距离260多千米,所辖团场均处在沙漠前沿。

2.2 昆玉市自然条件概况

2.2.1 地形地貌

市域范围内地貌单元主要有山前倾斜含砾平原区、冲洪积细土平原区、风积沙漠区及人工地貌单元。其中,昆玉市境内的皮山农场、47团和224团处于河道中下游,南面为昆仑山脉,北面为塔克拉玛干沙漠,形成耕地被沙漠、沙丘分割成多块绿洲的格局;一牧场地处昆仑山区,属高山、中山及低山带地貌分布,地形复杂,地表覆盖碎石、细砂,植被呈垂直分布,交通困难,人烟稀少。

2.2.2 水文地质

和田地区农业系沙漠绿洲灌溉农业,全师灌溉用水分别引自皮山县的伙什塔克河、桑株河,墨玉县的喀拉喀什河和策勒县的努尔河,水源均为昆仑山冰雪融水和山区降水。受气候影响,河流多为季节性河流,径流量四季分布极不均匀,洪枯变化大,冬季为枯水季节。水系具有独流性、季节性、短小性和湍急性的特点。

224团地区、皮山农场和47团部分地区地下水位较高,在此建设工程时,应注意水文地质问题。在勘察中大多数只是简单地对天然状态下的水文地质条件作一般性评价,缺少结合基础设计和施工需要评价地下水对岩土工程的作用和危害,很容易因地下水造成基础下沉和建筑物开裂等事故。

2.2.3　气候特征

昆玉市气候特征为暖温带极端干旱的荒漠气候。其中,皮山农场、47 团及 224 团地区属于温带干旱荒漠气候;一牧场地处山区,其山前为农区,属温带气候,山区为牧业区,属寒温带气候,无季节之分,只有冷暖之别。

市域主要气候特点是少雨干燥、蒸发强烈、风沙频繁、光热资源丰富。多年平均年降水量为 33.4 mm,年均蒸发量为 2 602 mm,年平均气温为12.2℃,无霜期多年平均为 244 天,最大冻土深度为 0.67 m,主导风向为西风和西北风,年均大风(风速≥17.5 m/s)11.5 次,浮尘天数多达 200 余天,沙暴天数为18~52 天,主要集中在 4—6 月。

2.2.4　自然灾害

昆玉市自然灾害比较频繁,主要有旱灾、洪灾、风灾、沙灾、干热风、冻害、地震等。其中,出现中度以上干旱的年份占 85%,七级以上大风沙暴平均每年 2.83 次。大风多以西风出现,西北风次之,大风伴随黄沙常给农作物以毁灭性打击。

2.3　昆玉市社会经济发展概况

2.3.1　人口情况

昆玉市总体发展表现出人口规模偏小、民族结构不合理的状况,与第十四师承担的历史使命不相适应。昆玉市所在的和田地区,2015 年全地区户籍总人口为 232.43 万人,昆玉市人口仅占 2.1%,全地区汉族人口为 7.12 万人,仅占地区总人口的 3.1%。2015 年全师总人口为 49 273 人。其中,汉族人口16 976 人,占全师总人口的 34.5%,维吾尔族人口 32 146 人,占全师总人口的65.2%,回族人口 101 人,其他民族人口 50 人。

2.3.2　经济发展

第十四师是新疆生产建设兵团组建最晚的师之一,经济规模总量较小。2015 年,第十四师的经济总量为 17.43 亿元,占兵团的 0.90%,占和田地区的

7.45%,第一、二、三产业的结构比为 48：32：20；人均地区生产总值为 3.68 万元,是和田地区的 3.6 倍。

从十四师在和田地区的产业发展情况来看,其第一产业比例较高、第二产业和第三产业比例较低,而和田市的第三产业比例较高、第一产业和第二产业比例较低,昆玉市的产业结构有待进一步优化调整。从人均地区生产总值来看,昆玉市的人均 GDP 远高于和田地区以及和田市的水平,劳动生产率较高。

2.3.3 基础设施

近年来昆玉市城镇基础设施建设力度不断加大。截至 2011 年底,全师各团场水厂供水综合能力约为 2.5×10^4 m^3/d,供水管网长 104 km,供热能力 46 MW,供热建筑面积为 2.21×10^5 m^2,供热管网长 26.37 km,已建成投入使用的污水处理厂 4 座,日处理污水 2 300 m^3,排污管网长 49.87 km,城镇道路 6.24×10^4 m^2;2012 年城镇和中心连队基础设施投资 2.44 亿元,完成给水管网 86.43 km,排水管网 51.98 km,道路 43.11 km 及其亮化、铺装、园艺小品等配套建设;2013 年全师水利资金总投入 5 528 万元,渠道总长度为 1 910.5 km,堤防总长度为 72.75 km;2014 年水利资金总投入 18 958 万元,渠道总长度为 1 916.95 km。

2.4 昆玉市生态基础设施研究内容

本研究以适应干旱、盐碱、风沙、洪水等严酷环境植被生态为基础,以改善昆玉市城镇生态环境、创造良好景观为目标,研究当地城镇绿地生态设施建设规划、城镇防洪体系规划、城镇严酷环境生态修复与绿化植被建设等内容,为建设低耗、特色的城镇绿色景观生态系统提供科技支撑。

2.4.1 昆玉市绿地生态设施建设规划研究

利用 ArcGIS 软件平台强大的空间分析能力,对影响城市绿地生态环境的组成因子按照一定的加权叠加模拟分析,得到区域生态环境敏感性空间分布以及综合适宜性分区,是目前对城市生态问题进行客观分析最直接、有效的方法。

由于绿地是开放、半封闭的系统,处于人类活动区域和自然景观之间的过渡地带,它们对影响自身正常发展的因素、所处区域位置以及现有绿地现状尤其敏感。结合昆玉市景观现状和区域绿地、水体等自然资源的特征和实际情况,计划从绿地生态设施建设压力、绿地生态设施状态、绿地生态设施建设响应三个方面评价绿地现状并为规划后的区域进行绿地功能分区。

2.4.2　昆玉市防洪体系规划研究

为探究防护区修建的空间位置及规模,需要以汇水单元为研究尺度,分析区域上的水文过程。项目以 5 m 空间分辨率的 DEM 为基础数据源,借助 ArcGIS 软件平台,通过水文分析模块获取汇水分析区内的最大洪水总量,为城市洪水规划提供科学依据。

2.4.3　昆玉市严酷环境生态修复与绿化植被建设研究

通过层析分析法、理论研究归纳法制定昆玉市绿化树种筛选的方法及体系;再根据当地城镇植物本身的生态习性、城市中绿地的功能要求,进行相应植物群落的配置,提供配置模式设计的原理及方法,作为理论体系推广。通过实地调研法对示范区内园林植物的类型、分布情况、适应性展开调查,通过实验法分析实验区土壤状况、常用植被蒸腾速率测定、光饱和点与补偿点测定等试验,筛选出适合昆玉区域的抗旱、抗寒、抗风等园林植物种类,并设计昆玉市不同功能绿地的植物配置模式,让绿地在城市中发挥最大的生态效益,为生态城镇发展提供系统性技术支持,促进区域城镇的可持续发展。

本研究通过实地调查法、文献研究法、实验法,针对昆玉市特殊严酷的条件,提出不同类型生态系统修复的思路与方法,通过减少人类活动的干预或重建新的稳定的生态系统,使退化的生态系统得到更新,最终改善环境质量及增加生态系统的稳定性。

第3章 昆玉市绿地生态设施建设规划研究

3.1 研究目的与意义

3.1.1 绿地生态设施的重要性

马克思曾说,文明如果是自然地发展,而不是自觉地发展,那么留给我们人类自己的只能是荒漠。今日中国生态的严峻现实是我们正在承受着空前庞大的人口压力和前所未有的生态环境问题,面临着自有史以来最严峻的生态破坏和环境污染的双重挑战。城市化的加剧,资源的紧张,环境的破坏,都使得人们转向了对可持续发展的诉求。

城市是人们生产生活的空间,而自然环境作为基底,是维护社会正常生产生活的物质的基础。同时,城市绿地作为城市结构中的自然生产力主体,在城镇生态系统中起着重要作用,是衡量城市综合质量的重要指标。

在城市绿地系统中,景观破碎化成为生物多样性降低与物种灭绝的最重要影响因素之一。主要原因是它可能造成物种数量的减少和死亡率的增加,以及物种在其他生境中繁殖的可能性降低。其次,生境的破碎化缩小了野生动物栖息地面积、增加了生存在此类栖息地动物种群的隔离程度,限制了种群的个体与基因的交换,降低了物种的遗传多样性,威胁着种群的生存力。

通常意义上,具备提高城市自然生态质量,提高城市生活质量,增加城市地景的美学效果,调试环境心理,增加城市经济效益,有利于城市防灾、环境保护和净化空气污染等作用的绿地生态系统称为城市绿地生态设施。合理地进行绿地生态实施的规划能在有限的土地资源上,改善城市生态、人居环境,实现城市绿地自然景观环境的保护与恢复,提升城市生态系统健康水平和生态服务功能。

3.1.2 生态适宜性评价在绿地生态设施中规划的必要性

现阶段,城市规划与绿地规划受规划师主观经验影响大,有时还会因个人不科学的主导因素,最终损害公众利益。不管是先于城市规划还是基于城市规划的绿地生态设施,都要通过对绿地进行评估,来进行其生态适宜性的评价,从而指导绿地生态设施的建立。

生态适宜性评价是指从生态环境保护角度出发，运用科学定量的评级划分的方法，来对土地的利用方式提出相应的生态保护与利用的途径与方式。由于生态适宜性评价更多地是基于 GIS 的技术平台进行操作，利用 GIS 技术能够将资源现状地图数字化，并进行复杂的空间分析、网络分析等专项分析。

随着城市用地规划越来越重视系统性和科学性，基于 GIS 的适宜性分析方法使得土地利用规划获得了强有力的技术支撑，多学科的有机结合正显示出广阔的发展前景。3S 技术更多地被应用到城市规划、区域规划、资源保护和景观规划等土地利用规划领域中。而在绿地生态设施规划中，适时适量地引入适宜性分析是一种水到渠成的尝试。生态设施规划中，适宜性分析的目标是评价一定范围内不同性质的绿地建设的适宜性。在城市建设规划的初期，生态设施规划中适宜性分析的对象是城市用地的整体，包括市域范围的自然山林农田；如果在绿地规划的范围内操作，对象则是规划的城市绿地。

3.2　研究区范围的确定

本研究在昆玉市总体规划的基础上，基于中心城区红线、防洪堤划定研究红线(见图 3 - 1)，分析区总面积为 117.89 km²。图 3 - 1 中所示昆玉市中心城区红线范围面积约 58.13 km²，该红线范围内已进行相应的城市用地规划。本研究的目的是为道路红线范围外的区域进行绿地生态设施建设适宜性评估，为后期城市绿地发展提供依据。

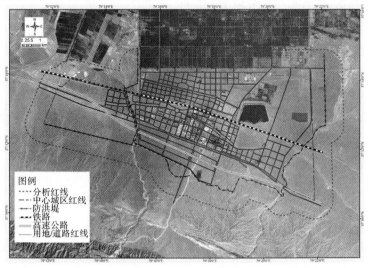

图 3 - 1　研究区范围

3.3 研究数据源、研究方法和技术路线

3.3.1 研究数据源

本研究所用数据主要有三大类,包括规划基础数据、地形数据和卫星遥感影像资料。

3.3.1.1 基础数据

基础数据包括基于《第十四师昆玉市城市总体规划(2016—2030年)》确定的规划区范围、土地利用总体规划图、基于总体规划道路交通规划图提取的规划道路红线等数据。在此基础上,结合规划中提出的中心城区红线、防洪堤来确定汇水分析范围。此外,还包括昆玉市降雨、蒸散、光照等气候数据,主要以文本形式记载。

3.3.1.2 地形数据

收集昆玉市中心城区的1:500地形图、等高线助手获取的区域高程图,并利用 Aster 卫星提供的30 m空间分辨率的高程数据补充缺失的区域,构建覆盖整个规划区的地形数据。通过空间插值和不规则三角网(TIN)的转换来生成 DEM 数据,该数据空间分辨率为5 m。

3.3.1.3 遥感数据

遥感影像采用秋季(2016 年 9 月 19 日,数据编号为LC81470342016261LGN00)获取的 Landsat 8 数据(http://landsat. usgs. gov/landsat8. php)。Landsat 8 上携带有两个主要载荷:陆地成像仪(Operational Land Imager, OLI)包括9个波段,空间分辨率为30 m,其中包括一个15 m 的全色波段;热红外传感器(Thermal Infrared Sensor, TIRS),包括两个空间分辨率为100 m的热红外波段,重采样后数据分辨率为30 m。

3.3.2 研究方法

"压力—状态—响应"(Pressure—State—Response, PSR)模型最初是由加拿大统计学家 Rapport 和 Friend 于 1979 年提出,后由经济合作与发展组织(OECD)和联合国环境规划署(UNEP)进一步发展,用于研究环境与可持续发展问题。该模型是一种较为先进的环境管理体系,具有系统性、易调整性

和逻辑性等优势。其思路是人类为寻求自身发展不可避免地给自然环境带来了压力,对自然环境造成一定的破坏,自然环境通过其自身的状态体现出这种破坏并影响人类的发展,进而人类通过一系列措施,利用能够恢复环境健康的积极因素治理环境。模型包括压力(Pressure)、状态(State)和响应(Response)三个部分,其中"压力"指的是人类活动或自然因素对自然环境造成的压力,压力因素能够直接揭示出自然环境变化的根本;"状态"指的是自然环境在多种因素综合作用下所处的状态及其趋势,状态因素能够直观反映出自然环境变化所产生的影响;"响应"指的是对生态发展起到积极作用的因素,响应因素是对抗生态环境恶化的有效措施。

本研究根据绿地生态适宜性的主要影响因素和项目区实际情况,综合考虑自然资源、环境现状和市政设施情况等,筛选出多项针对性较强、便于度量的指标,将绿地生态适宜性评价体系分为 3 个子系统:压力指标组、状态指标组和响应指标组。具体表达式为

$$\mathrm{ESI} = PW_P + SW_S + RW_R \qquad (3-1)$$

式中,ESI 为绿地生态适宜性指数,P 为压力指数,S 为状态指数,R 为响应指数,W 为相应指数所对应的权重。

3.3.3　技术路线

城市绿地生态适宜性评价应根据主要生态环境问题的形成机制,分析生态环境敏感性的区域分异规律,明确特定生态环境问题可能发生的范围与可能程度。适宜性评价一般分为 5 级,为极适宜、高适宜、中适宜、低适宜和不适宜地区,利用 ArcGIS 软件平台强大的空间分析能力,对影响城市绿地生态环境的组成因子按照一定的加权叠加模拟分析,得到区域生态环境敏感性空间分布以及综合适宜性分区,是目前对城市生态问题进行客观分析最直接、有效的方法。

绿地生态适宜性评价技术流程图如图 3-2 所示。

在前人研究的基础上,综合考虑昆玉绿地现状,筛选出荒漠化率 P1、地表温度 P2 和地形因子 P3 构建绿地生态设施建设的压力指标组;植被资源量 S1、水资源量 S2 和汇水网络 S3 构建绿地生态设施的状态指标组;道路通达度 W1、水供给能力 W2 和防风固沙区 W3 构建绿地生态设施建设的响应指标组,见表 3-1。其中,除压力指标组内的指标为负效应外,其他指标都是正效应。

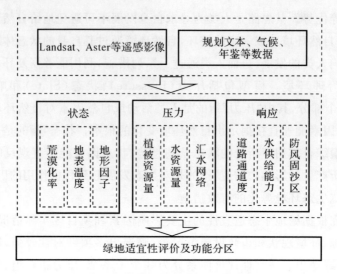

图 3-2　昆玉市绿地生态适宜性评价流程图

表 3-1　绿地生态适宜性 PSR 指标

指标组	指　标	正负效应	表征变量
绿地生态设施建设压力	荒漠化率 P1	－	NDBaI
	地表温度 P2	－	地表温度
	地形因子 P3	－	高程、坡度
绿地生态设施状态	植被资源量 S1	＋	NDVI
	水资源量 S2	＋	NDWI
	汇水网络 S3	＋	汇水路径核密度
绿地生态设施建设响应	道路通达度 W1	＋	道路核密度
	水供给能力 W2	＋	距离水系的荒漠
	防风固沙区 W3	＋	中心城区外防风林

　　根据指标组在生态敏感性中的重要性不同,依据层次分析法对各因子进行比较分析,并计算出各因子的权重值。每个因子按照评价目标确定其不同类型/标准上的得分,分别赋予一个{1,3,5,7,9}的分值,分值越大表示影响越大,反之越小。详细绿地生态适宜性评价指标体系及其权重见表 3-2。压力指标组内的指标为负效应,因此相关参数越大,得分越低。

表 3-2　绿地生态适宜性评价指标体系

指标组	权重	指标	权重	标准	得分	总权重
压力	0.3	荒漠化率	0.35	NDBaI 极低	9	0.105
				NDBaI 较低	7	
				NDBaI 中等	5	
				NDBaI 较高	3	
				NDBaI 极高	1	
		地表温度	0.35	温度低	9	0.105
				温度较低	7	
				温度中等	5	
				温度较高	3	
				温度高	1	
		地形因子	0.3	低海拔	9	0.045
				中海拔	5	
				高海拔	1	
				平地 0～<5°	9	0.045
				缓坡 5°～15°	5	
				陡坡 >15°	1	
状态	0.3	植被资源量	0.4	NDVI 值高	9	0.12
				NDVI 值较高	7	
				NDVI 值中等	5	
				NDVI 值较低	3	
				NDVI 值低	1	
		水资源量	0.25	NDWI 值高	9	0.075
				NDWI 值较高	7	
				NDWI 值中等	5	
				NDWI 值较低	3	
				NDWI 值低	1	
		汇水网络	0.35	汇水核密度极高	9	0.105
				汇水核密度较高	7	
				汇水核密度中等	5	
				汇水核密度较低	3	
				汇水核密度极低	1	

续表

指标组	权 重	指标	权 重	标 准	得 分	总权重
响应	0.4	道路通达度	0.2	规划道路外 0～50 m	9	0.08
				规划道路外＞50～100 m	7	
				规划道路外＞100～300 m	5	
				规划道路外＞300～500 m	3	
				规划道路外＞500 m	1	
		水供给能力	0.4	距水系 0～100 m	9	0.16
				距水系＞100～300 m	7	
				距水系＞300～500 m	5	
				距水系＞500～800 m	3	
				距水系＞800 m	1	
		防风固沙区	0.4	中心城区外 0～100 m	9	0.16
				中心城区外＞100～300 m	7	
				中心城区外＞300～500 m	5	
				中心城区外＞500～800 m	3	
				中心城区外＞800 m	1	

　　压力指标反映了人类活动及自然环境对生态资源造成的负荷,是生态问题产生的根本。但昆玉市自然环境异常恶劣,其主要的压力来自于自然环境。研究选取归一化裸地指数(Normalized Differential Bare Soil Index,NDBaI)识别地表荒漠化程度,NDBaI 越高表示荒漠化程度越高,压力越大,绿地适宜性得分越低。通过 Landsat 8 遥感数据反演 2016 年 9 月 17 日上午 10:30 的地表温度,虽然遥感影像仅能获取瞬时温度,但其温度的空间分布能为绿地规划提供科学依据。此外,地表温度反映了土壤对温度敏感性及该地区的微气候环境,地表温度越高,压力越大,绿地适宜性得分越低。在南疆地区,地形是制约植被生长的重要因素,高海拔或高坡度地区难以汇水,从而间接影响植被生长,因此高海拔或高坡度对绿地生态设施建设而言,都是压力区域。

　　状态指标是指自然环境在多种因素综合作用下所处的状态及其趋势。当前植被资源形成的微气候环境、群落环境能促进植被的健康生长,因此研究通过归一化植被指数(Normalized Differential Vegetation Index,NDVI)识别植被资源量,NDVI 越高,说明该区域的植被覆盖程度越高,绿地生态现状越大,绿地适宜性得分越高。水资源量和潜在水资源是影响植被生长和分布的重要因素,研究选择归一化水体指数(Normalized Differential Water Index, ND-WI)识别水资源量,通过对水文过程分析获取的潜在汇水路径进行核密度分析来识别汇水形成的潜在水资源分布。

响应指标是对生态发展起到积极作用的人为或自然因素。项目区对绿地生态设施建设起到促进作用的自然因素是水源,在距离水系越近的荒漠建设绿地,响应机制越强,绿地生态设施建设的适宜性越高,因此研究以距离水系远近来表征水供给能力,从而反映自然资源对绿地建设的响应。道路通达度是人类活动的基础条件,通达度越高的地区,人类活动越强烈。在南疆恶劣的环境条件下,人类活动对生态建设起到非常重要的促进作用。中心城区外的防风固沙林是人类活动的直接表现,也是绿地生态设施建设的重要响应变量,研究按照防风固沙区距离中心城市红线的距离来表征响应的大小。

3.4　昆玉市绿地生态适宜性分析

3.4.1　绿地生态设施建设压力分析

在绿地生态设施建设压力分析的指标构建中,充分考虑了区域土地特征的荒漠化程度 P1、制约生物生活的地表温度 P2 和影响植被分布的地形因子 P3,并将这三个指标通过权重分析获得绿地生态设施建设的综合压力。

3.4.1.1　荒漠化程度

通过 Landsat 8 遥感影像计算获得分析区内的归一化荒漠化指数 ND-BaI,并获得荒漠化指数的空间分布图,如图 3-3 所示。NDBaI 的范围为 0~1,NDBaI 越小表示荒漠化程度越低;反之,则说明荒漠化越严重(裸土率越高)。从图 3-3 中可以看出,除项目区北部的枣树林外,其他区域的 NDBaI 均较大。

借助 ArcGIS 软件平台,通过自然间断法对 NDBaI 进行分析区荒漠化程度分级,得到等级分布图(见图 3-4),并统计分析区内不同荒漠化等级的区域面积及各区域所占比例(见表 3-3)。分析得知,无荒漠化的区域主要分布在北部的枣树林和城镇内,面积约为 8.09 km², 占分析区总面积的 6.86%;低荒漠化的区域主要是低植被覆盖区、湖泊周边及天然洪沟周边,约占总面积的 13.79%;中荒漠化区域散布在城镇的西部和分析区的东南部,面积较大,约占分析区总面积的 25.69%;高荒漠化区域面积最大,约 41.80 km², 占分析区总面积的 35.46%；而全荒漠化地区呈块状分布，面积约为 21.44 km²，占分析区总面积的 18.19%。

图 3-3　荒漠化指数分布图

图 3-4　荒漠化等级分布图

表 3 - 3　不同荒漠化等级面积统计

荒漠化等级	面积/km²	比例/%
无荒漠化	8.09	6.86
低荒漠化	16.26	13.79
中荒漠化	30.29	25.69
高荒漠化	41.80	35.46
全荒漠化	21.44	18.19

3.4.1.2　地表温度

昆玉市地处南疆地区,昼夜温差大,市区的城市热岛效应不明显,但区域景观受温度调控较大。热红外遥感(Infrared Remote Sensing)是指传感器工作波段限于红外波段范围之内的遥感,即利用星载或机载传感器收集、记录地物的热红外信息,并利用这种热红外信息来识别地物和反演地表参数(如温度、湿度和热惯量等)。研究通过 Landsat8 热红外波段进行地表温度反演,得到分析区内的地表温度分布图,如图 3 - 5 所示。由图可知,分析区内瞬时温度分布差异较大,最低温度约 22.35℃,最高温高达 44.72℃。城镇、枣树林和水体表现出较低的温度,道路、洪沟和城镇周围的温度较高,而东西两侧的荒漠地区温度最高。

图 3 - 5　地表温度分布图

通过自然间断法将地表温度划分为五个等级(见图 3-6),并统计分析区内不同地表温度等级的区域面积及各区域所占比例(见表 3-4)。极低地表温度主要是分析区内的湖泊,面积仅为 1.22 km²;低地表温度区域主要是分析区北部的枣树林和中部的城镇及周边区域,总面积约 28.08 km²,占分析区总面积的 23.82%;中地表温度区域主要分布在中心城区南部的荒漠,总面积约 32.63 km²,占分析区总面积的 27.68%;高地表温度主要分布在分析区东南部和西部洪沟以西的区域,总面积约 33.92 km²,占比最大;而极高地表温度呈块状分布在西部和北部,总面积约 22.03 km²。

图 3-6　地表温度等级分布图

表 3-4　不同地表温度等级面积统计

地表温度等级	面积/km²	比例/%
极低地表温度	1.22	1.03
低地表温度	28.08	23.82
中地表温度	32.63	27.68
高地表温度	33.92	28.77
极高地表温度	22.03	18.69

3.4.1.3　地形因子

地形因子控制了绿地设施的建设和植被的生长,分析地形因子空间分布特征得知,昆玉市高程变化大、坡地集中,因此考虑高程和坡度对植被生长的压力。由地形因子空间分布图(见图 3-7)和分析区内不同地形因子等级的区域面积及各区域所占比例(见表 3-5)可知,南部高程明显高于北部,而现状的公路也明显高于两侧荒漠;坡度的空间分布比较杂乱,可能与该区域城镇建设、荒漠的自然风化和沙尘等因素有关。

高程分级(见图 3-8(a))采用自然间断法来划分,海拔越高,压力越大。统计分析不同海拔等级的区域面积,低海拔区域占总面积的 31.63%,主要分布在东部;中海拔区域的高程分级压力中等,占总面积的 38.33%;有约30.04%的区域是高海拔区域,该区域南高北低是造成洪涝灾害的主要原因。

按照 0~<5°,5°~15°和>15°三个等级对坡度进行分级(见图 3-8(b)),平地面积较大,约为 50.30 km²,占分析区总面积的 42.67%;缓坡面积最大,约占总面积的 52.56%,分布比较零散;陡坡面积比例较小。

(a) 高程分布图

图 3-7　地形因子空间分布图

(b)坡度分布图

续图 3-7　地形因子空间分布图

表 3-5　不同地形因子等级面积统计

分　级		面积/km²	比例/%
高程分级	低海拔	37.28	31.63
	中海拔	45.18	38.33
	高海拔	35.42	30.04
坡度分级	平地	50.30	42.67
	缓坡	61.96	52.56
	陡坡	5.63	4.77

(a) 高程分级图

(b) 坡度分级图

图 3-8　地形因子分级图

3.4.1.4　综合压力

将三个压力指标叠加分析后得到昆玉市综合压力,通过自然间断法对其进行分级,得到综合压力等级分布图(见图3-9,彩图见封二)和不同等级面积统计表(见表3-6)。从分析结果可以看出,无压力区域主要是枣树林、水系等区域,总面积约21.94 km²,占分析区总面积的18.66%;低压力区零散分布在无压力区外围,总面积约21.93 km²;中压力区面积比例最高,主要分布在城镇外围,占总面积的33.34%;而高压力和极高压力区域主要分布在西南地区和东部。

图3-9　综合压力等级分布图

表3-6　不同综合压力等级面积统计

压力综合等级	面积/km²	比例/%
无压力	21.94	18.66
低压力	21.93	18.65
中压力	39.21	33.34
高压力	18.06	15.35
极高压力	16.46	13.99

3.4.2 绿地生态设施状态分析

在绿地生态设施状态分析的指标构建中,考虑了植被资源量 S1、水资源量 S2 和潜在水资源分布(汇水网络)S3,并将这三个指标通过权重分析获得综合状态。

3.4.2.1 植被资源量

NDVI 不仅能反映植被种类间的差异,而且能较好地反馈区域植被覆盖程度,从而为植物生长环境状态的识别提供依据。基于昆玉市现有的植被种类和分布,在实地考察及统计数据的基础上,结合 NDVI 值空间分布差异,分析昆玉市植被资源量。依据 NDVI 的空间分布(见图 3-10)得知,北部枣树林和城镇、道路的绿化区域的 NDVI 较高,荒漠地区的 NDVI 变化不显著,而水体的 NDVI 最低。

图 3-10 植被指数分布图

通过自然间断法划分 NDVI 获得植被资源量等级空间分布图(见图 3-11),并统计不同植被资源量等级的面积及比例(见表 3-7)。高植被适宜度区域分布在北部枣树林和城镇、道路的绿化区域,面积约 8.89 km²,占分析区总面积的 7.54%;中植被适宜度区域主要分布在西边自然洪沟两侧,占分析区总面积的 28.65%;低植被适宜度区域分布范围广,面积比例大,约占分析区总面积的48.72%；植被不适宜区主要分布在东南角，面积约为15.41 km²。

图 3-11 植被资源适宜等级分布图

表 3-7 不同植被资源量等级面积统计

植被生长适宜度等级	面积/km²	比例/%
高植被适宜度	8.89	7.54
中植被适宜度	33.78	28.65
低植被适宜度	57.43	48.72
植被不适宜区域	15.41	13.07
水体、硬质等	2.38	2.02

3.4.2.2 水资源量

NDWI不仅能有效提取城镇范围内的水体，而且能够揭示土壤含水能力等微细特征。通过分析NDWI的高低及空间分布特征能反映昆玉市水资源的丰富度，研究重点关注NDWI较高的区域，主要分布在湖泊及洪沟附近，如图3-12所示。

通过对NDWI分级得到水资源量空间分布特征（见图3-13），并统计不同等级的面积及比例（见表3-8）。水资源充足区域主要分布在湖泊和城镇，面积约2.97 km²，占分析区总面积的2.52%；水资源较高的区域主要为洪沟、防洪墙周围区域，面积约13.15 km²；水资源中等的区域分布在分析区域的东南部，面积较大,约为 43.58 km²,占分析区总面积的 36.96%;而水资源匮乏区面积最大,约占分析区总面积的 44.76%;北部的枣树林属于需水区,NDWI 最低。

图 3-12　水体指数分布图

图 3-13　水资源量分布图

表 3-8   不同水资源量等级面积统计

水资源量等级	面积/km²	比例/%
水资源充足	2.97	2.52
水资源较高	13.15	11.16
水资源中等	43.58	36.96
水资源匮乏	52.77	44.76
需水区	5.42	4.60

3.4.2.3 潜在水资源分布特征

潜在汇水路径是 DEM 水文分析过程的重要内容,常用的方法是通过汇流累计量提取地表水流网络。而核密度分析工具用于计算要素在其周围邻域中的密度。因此,通过对水文过程分析获取的潜在汇水路径进行核密度分析获得的核密度空间分布图(见图 3-14)可有效识别汇水形成的潜在水资源分布特征。

图 3-14   汇水网络核密度分析结果

由于核密度呈现连续性分布特征,因此对其分级后可以看出不同等级的空间分布呈现同心圆展开,如图 3-15 所示。不同汇水网络核密度等级面积统计见表 3-9。高密度区域、较高密度区域都分布在城镇、东西两条洪沟周围,高密度区域的面积约 6.90 km²,较高密度区域的面积约 21.79 km²;中心城区内部为低密度区域,约占分析区总面积的 22.24%。

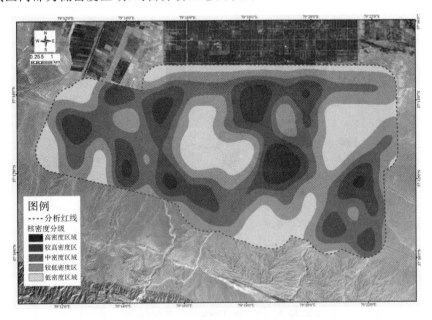

图 3-15　汇水网络核密度分级图

表 3-9　不同汇水网络核密度等级面积统计

潜在河网核密度等级	面积/km²	比例/%
高密度区域	6.90	5.85
较高密度区域	21.79	18.48
中密度区域	31.49	26.71
较低密度区域	31.50	26.72
低密度区域	26.22	22.24

3.4.2.4　综合状态

将三个状态指标叠加分析后得到昆玉市综合状态,通过自然间断法对其进行分级,得到综合压力等级分布图(见图 3-16,彩图见封二)和不同等级面积统计表(见表 3-10)。从分析结果可以看出,优质状态区域主要分布在水体、枣树林周围,面积约 9.70 km²,占分析区总面积的 8.23%;良好状态区域零散分布在分析区内,面积最大,约 41.81 km²,占分析区总面积的 35.46%;中等状态区域面积较大,占总面积的 32.36%;差状态区域呈块状分布在分析区内,面积约 28.17 km² ,占分析区总面积的 23.90%;而极差状态区域面积较小,主要是城镇内地工业用地,面积仅占分析区总面积的 0.05%。

图 3-16　综合状态等级分布图

表 3-10　不同综合状态等级面积统计

状态综合等级	面积/km²	比例/%
优	9.70	8.23
良	41.81	35.46
中	38.15	32.36
差	28.17	23.90
极差	0.06	0.05

3.4.3　绿地生态设施建设响应分析

在绿地生态设施建设压力分析的指标构建中,充分考虑了区域道路通达度 W1、水供给能力 W2 和防风固沙区 W3,并将这三个指标通过权重分析获得综合响应。

3.4.3.1　道路通达度

道路通达度是人类活动对区域生态调控的基础条件,距离道路越近的区域,其通达度越高,人类调控的可能性越大。因此,研究针对城市总体规划中的道路中心线进行欧式距离计算得到道路缓冲结果,如图 3-17 所示。

图 3-17　道路缓冲结果

按不同等级要求对道路通达度进行分级(见图 3-18),并统计不同分级区域的面积及比例(见表 3-11)。极高通达度的区域分布在规划道路的 0~50 m 范围内,面积约为 23.90 km²,占分析区总面积的 20.27%;较高通达度的区域分布在规划道路的 >50~100 m 范围内,面积约为 13.6 km²,占分析区总面积的 11.54%;中等通达度的区域分布在规划道路的 >100~300 m 范围内,占分析区总面积的 18.61%;较低通达度的区域分布在规划道路的 >300~500 m 范围内,占分析区总面积的 11.78%;极低通达度的区域分布在规划道路外 >500 m 的范围内,面积约为 44.57 km²,占分析区总面积的 37.80%。

表 3-11　不同道路通达度等级面积统计

道路通达度等级	面积/km²	比例/%
极高	23.90	20.27
较高	13.60	11.54
中等	21.94	18.61
较低	13.88	11.78
极低	44.57	37.80

图 3-18　道路通达度分布图

3.4.3.2　水供给能力

项目区对绿地生态设施建设起到促进作用的自然因素是水源,在距离水系越近的荒漠建设绿地,响应机制越强,绿地生态设施建设的适宜性越高,因此研究以距离水系远近来表征水供给能力,从而反映自然资源对绿地建设的响应,如图 3-19 所示。

按不同等级要求对水供给能力进行分级(见图 3-20),并统计不同分级区域的面积及比例(见表 3-12)。极高供应能力的区域分布在水体和天然洪沟的 0～100 m 范围内,面积约为 5.08 km²,占分析区总面积的 4.30%;较高供应能力的区域分布在水体和天然洪沟的>100～300 m 范围内,面积约为 5.94 km²,占分析区总面积的 5.04%;中等供应能力的区域分布在水体和天然洪沟的>300～500 m 范围内,占分析区总面积的 5.29%;较低供应能力的区域分布在水体和天然洪沟的>500～800 m 范围内,占分析区总面积的 8.39%;极低供应能力的区域分布在水体和天然洪沟的>800 m 范围内,面积约为 90.75 km²,占分析区总面积的 76.98%。

图 3-19　水系缓冲结果

图 3-20　水供给能力分级图

表 3-12　不同供水能力等级面积统计

水供给能力等级	面积/km²	比例/%
极高	5.08	4.30
较高	5.94	5.04
中等	6.24	5.29
较低	9.89	8.39
极低	90.75	76.98

3.4.3.3　防风固沙区

中心城区外的防风固沙林是人类活动的直接表现,也是绿地生态设施建设的重要响应变量,研究按照防风固沙区距离中心城市红线的距离来表征响应的大小。按不同等级要求对防风固沙区重要性进行等级分级(见图3-21),并统计不同分级区域的面积及比例(见表3-13)。极重要区域分布在中心城区红线的0~100 m范围内,总面积约为3.94 km²,占红线外分析区总面积的3.34%;重要的区域分布在中心城区红线的>100~300 m范围内,总面积约为8.88 km²,占红线外分析区总面积的7.53%;较重要区域分布在中心城区红线的>300~500 m范围内,占红线外分析区总面积的7.41%;中等重要区域分布在中心城区红线的>500~800 m范围内,占红线外分析区总面积的11.48%;不重要的区域分布在中心城区红线的>800 m范围内,总面积约为24.69 km²,占红线外分析区总面积的20.94%。

图 3-21　防风固沙区重要分级分布图

表 3-13 不同防风固沙区重要性等级面积统计

防风固沙区重要性等级	面积/km²	比例/%
极重要	3.94	3.34
重要	8.88	7.53
较重要	8.74	7.41
中等重要	13.53	11.48
不重要	24.69	20.94

3.4.3.4 综合响应

将三个响应指标叠加分析后得到昆玉市综合响应结果,通过自然间断法对其进行分级,得到综合响应等级分布图(见图 3-22,彩图见封三)和不同等级面积统计表(见表 3-14)。从分析结果可以看出,高响应区域主要分布在中心城区外的环状区域和水体周围,总面积最大,约 34.62 km²,占分析区总面积的29.36%;较高响应区域则主要是中心城区内部的道路周围和外围防风固沙区域周围,占分析区总面积的 25.96%;中响应区分布在中心城区内和防风固沙区外围,占总面积的 23.45%;较低响应区域分布在防风固沙区最外围,占总面积的 14.70%;而低响应区域呈块状分布在分析区内,面积约 7.70 km²,占分析区总面积的 6.53%。

图 3-22 综合响应等级分布图

表 3-14　不同综合响应等级面积统计

响应综合等级	面积/km²	比例/%
高响应	34.62	29.36
较高响应	30.60	25.95
中响应	27.65	23.45
较低响应	17.33	14.70
低响应	7.70	6.53

3.4.4　基于 PSR 的绿地生态适宜性结果

绿地生态适宜性评价以绿地为对象,根据区域资源与生态环境特征、城市发展需求与绿地利用的要求,选择有代表性的评价指标,确定范围内生态类型对绿地开发的适宜性和限制性,进而划分绿地生态适宜性的等级。生态适宜性评价借助 PSR 模型将诸多单因子评价结合在一起,综合考虑影响绿地生长的压力指标组、反映区域植被生长需求及趋势的状态组、对生态发展起到积极作用的响应组,得到最终绿地生态适宜性分布图,如图 3-23 所示。分析绿地适宜性结果,适宜性较高的区域分布在中心城区周围、水体及洪沟周围,而适宜性较低的区域则主要呈块状分布在中心城区内的四个角落。

图 3-23　绿地生态适宜性分布图

3.5　昆玉市绿地生态设施适宜性
分区与规划建设对策

3.5.1　昆玉市绿地生态设施适宜性分区

　　适宜性综合评价值越高,代表该区域越适合(或者越需要)进行绿地生态设施规划和建设,同时也最容易被干扰和破坏,急需进行合理的绿地规划;综合评价值越低,说明绿地生态系统功能结构不完善,规划和建设绿地的代价高,尽可能保育现有的绿地生态基础,如已是硬质区,可调控区域内绿地比例和质量。此外,参考《全国生态功能区划》,昆玉市所在范围生态功能属于沙漠生态功能区。分析区地处东北风与西北风交汇处,加之地表植被稀疏,风蚀危害严重,极易形成沙尘暴,土壤沙漠化威胁严重,风沙是该区域生态环境恶劣的首要因素。在中心城区外围进行合理的防护林建设、构筑天然和人工绿洲生态屏障不仅能有效改善市域内部生态环境,还能对建设和恢复市域外部的生态起到积极作用。因此综合考虑以上因素,采用自然间断法对绿地生态适宜性进行分级,将昆玉市的绿地生态设施根据其生态敏感性综合评价分为极适宜、高适宜、中适宜、低适宜和不适宜五个区域(见图 3－24,彩图见封三),并分别剖析中心城市红线内和防风固沙区域绿地生态设施建设的适宜区域。

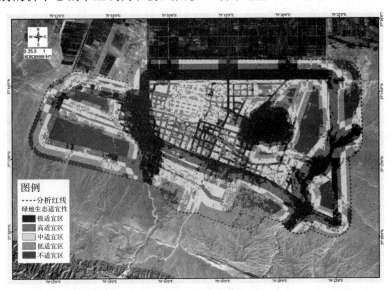

图 3－24　绿地生态适宜性分级图

3.5.1.1　极适宜区域

极适宜区域位于水体、天然洪沟等周边水资源或潜在水资源丰富的区域，以及中心城区红线周围的防风固沙区域内。

城镇内的极适宜区主要是水资源丰富、人类休憩和生态环境较好的区域，包括一些湖泊、疏林地、天然洪沟及周边荒漠，主要是受到水影响的区域。由于昆玉市环境异常恶劣，水在该地区是影响植被生长的重要因素，因此在这些区域进行绿地建设的投产比较低，能最大限度地降低绿地建设成本。

中心城区红线周边的防风固沙中，北部的枣树林和南部道路周围的区域是极适宜区域。该区域的绿地生态设施的建设，应严格保护其自然本底，恢复原生植被或种植耐性较强的树种，提高生态系统的多样性和稳定性，建立生态良性循环。此外，该区域还需要以"逐步恢复"的方式提升绿地生态功能，并通过一定的管制措施，增强该区域对绿地生态的保护程度，保育区域生态系统健康和安全。该区域绿地生态设施的建设，不仅能有效改善城镇内部生态环境，还能通过提升城市生态功能，从而对人类生产、生活产生促进作用。

3.5.1.2　高适宜区域

高适宜区域分布在极适宜区周围的地带，主要是道路、防风固沙林周边区域，在进行绿地规划和建设时，其建设成本较低。高适宜区域的绿地，在功能上与极高适宜区域的基本相同，但水系、现有植被等自然环境条件不如极高适宜区域，因此在绿地建设过程中需要通过科学规划和有效管理，极大地降低生态环境的破坏，有效提升城镇的生态环境承载力。

3.5.1.3　中适宜区域

中适宜区域是现有生态功能较差、受间接人为活动影响的区域。该区生态系统结构较差，属于生态过渡带，如不能很好地规划和建设，会成为城市化过程中的牺牲地区。通过现状分析，该区域主要以镶嵌分布的形式布局于昆玉市内，且处于用地规划最密集的地区，如果区域绿地生态建设不能得到很好的保障，该区域会直接转变为低敏感区，但若及时恢复原生植被并加强保护，能提高城市内部的生态环境。该区域属于城市的发展用地规划最集中的区域，因此在规划和建设过程中需要依据发展的需要进行合理的用地规划，如果已被定性为硬质区，则可尽可能提升周边的绿化品质。

3.5.1.4　低适宜区域

低适宜区域主要分布在市域的内部和南部，市域内部的低适宜区域镶嵌在中适宜区域周围，主要是城镇以北的区域，市域南部的低适宜区域主要是防洪堤以南的荒漠。市域内部的低适宜区域的环境特征与中适宜区域的相似，属于城市的发展用地规划最集中的区域。而市域南部的低适宜区域距离防洪堤较远，地形起伏较大，土壤沙漠化威胁严重，生态环境恶劣，该区域绿地上生态建设的代价较大，但该区域是调控来自南山的洪水、防治风沙的第一道关键区。

3.5.1.5　不适宜区域

本研究中不适宜区域成片分布在分析区内，主要为生态资源极差、生态服务功能需求性较低、城市绿色基础设施建设代价极大的区域。该区的绿地虽然有景观和防风固沙的功能，但建设和养护的成本高，特别是后期养护过程中建设压力较大、生态资源现状极差及道路通达度、水资源供给等响应能力极差。

3.5.2　与城市总体规划中绿地规划的对比分析及对策建议

昆玉市城市总体规划图如图 3-25 所示。

图 3-25　昆玉市绿地系统规划图

根据本研究的绿地生态适宜性分级图，总体规划中的绿地系统规划的绿地选址与绿地生态适宜性基本吻合，部分公园的位置与规模可做调整，防护林的规模也可扩展，具体对比分析如图 3-26 所示。

图 3-26　对比分析图

原有绿地系统规划中的公共绿地大部分与适宜性分区图吻合,建议调整的部分为外围防护绿地的规模、城南中心公园的选址、西侧带状公园的功能及规模。

3.5.2.1　防护林规模调整建议

防护绿地规模可向北、向西、向南扩大,东侧可扩展至绿地涵养区东侧。单纯一条防护林带是起不到防护效果的,必须根据风力大小来决定林带的结构和设置数目。林带降低风速的有效距离为林带高度的 20 倍左右,规范林带间距一般保持在 200～400 m,此次规划林带间距设为 300～600 m,比规范的防护林林带间距更长、更宽。

北部防护林带配置模式(见图 3-27)采用三带制、四带制和五带制,每条林带的宽度不小于 10 m。离市区越近,林带的宽度越大,而林带间距越小。在外层建立透风林,靠近居住区的内层采用不透风林带,中间部分采用半透风结构,由透风结构到半透风结构,直到不透风结构这一完整的组合,可以起到良好的防风效果或使风速降到最低程度。

为阻挡西侧面的风,每隔 800～1 000 m 营造一条与主林带相互垂直的副林带,其宽度不小于 5 m。西侧防风型植物群落模式:新疆杨＋白榆＋沙枣＋红柳;箭杆杨＋白榆＋紫穗槐＋柽柳;银白杨＋白蜡＋蔷薇＋红景天。

南部防风林的建设选择的透风林由枝叶稀疏的乔、灌木组成,或者只用乔木不用灌木,选用的树种应该是深根性的或侧根发达,株距依树冠大小而定,初期多采用 2～3 m,待长成后可以间伐或移植。

鉴于场地地处内陆西部,冬季风沙较大,防风林按上、中、下的顺序依次由

枝叶稠密的乔木、耐荫小乔木和灌木组成。防护林的植物选择满足防护目的
的要求,选择适应当地的气候和土壤条件、根系较深、萌芽力较强、抗倒伏的树
种。干旱区常采用的树种是胡杨、新疆杨、钻天杨、箭杆杨等。

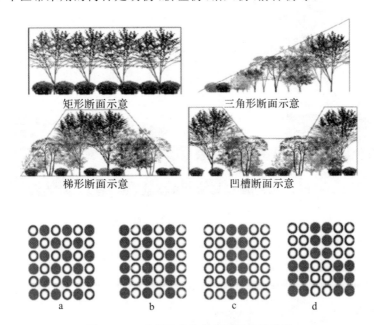

图 3-27　北部防护林带配置模式示意图

3.5.2.2　公园选址及规模调整建议

公园对比分析如下:城南中心公园与南区东部社区公园可互换位置,因为
东部为城市最适宜建设区域;站前中心公园、北区东部社区公园选址较好,为
高适宜建设区;北区东部社区公园与西部社区公园、城北中心公园位置为中适
宜建设区域。

原有规划中带状公园宽约 1.5 km,长约 4.2 km,面积约 6.3 km²。

建议:绿地规模保留,功能替换为洪水公园。将原有泄洪渠道驳岸软化,
让洪水与绿地结合,更好地处理雨洪的同时,改善环境,成为城市西侧的防护
绿地,如图 3-28 所示。

原有的社区公园扩大 ,长为 1.5 km,宽为 1 km,面积为 1.5 km²,在最适
宜区建设综合性公园:在聚居区、可达性较好的最适宜区域扩大绿地规模,建
设综合性公园;提供多样娱乐活动,提倡健康生活,并让各种人群都很好地融
入、享受绿地,如图 3-29 所示。

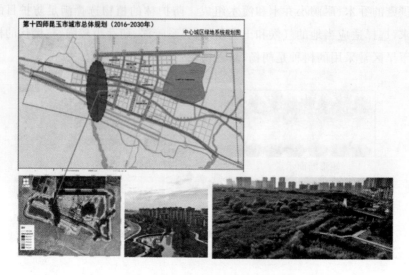

图 3 - 28　带状绿地功能调整示意图

图 3 - 29　综合性公园位置调整示意图

保留规划中绿地涵养公园,长约 2 km,宽约 2.3 km,面积约 4.6 km^2。功能上可定位为水源地保护与涵养公园、旅游区、郊外休闲公园。

可将原北区东部社区公园主题定位为儿童公园,长、宽都是 1 km,面积为 1 km^2。为儿童提供专门的户外场所,使其具有教育意义,打造儿童友好型户外空间,如图 3 - 30 所示。

图 3 - 30　社区公园定位示意图

第4章 昆玉市区域径流分析与防洪规划

4.1 研究数据源与研究过程

研究数据源见 3.3.1 节。

为探究软防护修建的空间位置及规模,需要以汇水单元为研究尺度,分析区域上的水文过程。项目以 5 m 空间分辨率的 DEM 为基础数据源,借助 ArcGIS 软件平台,通过水文分析模块获取汇水分析区内的最大洪水总量,为城市洪水规划提供科学依据。由项目技术路线图(见图 4-1)可知,本研究主要分为区域水文过程分析和防洪区汇水分析两大块。

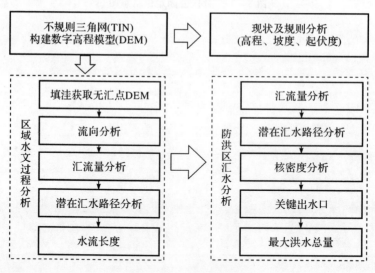

图 4-1 研究流程图

4.1.1 水文过程分析

4.1.1.1 DEM 填注

DEM 是比较光滑的地形表面的模拟,但是由于 DEM 的误差及一些真实的地形(如喀斯特地貌)的存在,DEM 表面存在着一些凹陷的区域。在进行水流方向计算时,由于这些区域的存在,往往得到不合理的甚至错误的水流方向。因此,在进行水流方向的计算之前,应该首先对原始 DEM 数据进行洼地填充,得到无洼地的 DEM。

洼地填充的基本过程是先利用水流方向计算出 DEM 数据中的洼地区域,并计算其洼地深度。洼地区域是水流不合理的地方,可以通过水流方向判断哪些地方是洼地,然后对洼地填充。但是并不是所有的洼地区域都是由于数据的误差造成的,有很多洼地是地表形态的真实反映。因此,在进行洼地填充之前,必须计算洼地深度,判断哪些地区是由于数据误差造成的洼地,哪些地方是真实的地表形态,然后依据这些洼地深度设定填充阈值进行洼地填充。

4.1.1.2　水流方向分析

对于每一个栅格,水流方向是指水流离开此栅格时的指向。在 ArcGIS 中,通过将中心栅格的 8 个邻域栅格编码,中心栅格的水流方向便可以由其中的某一值来确定。

ArcGIS 中,水流方向是采用 D8 算法,即通过计算中心栅格与邻域栅格的最大距离权落差来确定。距离权落差是指中心栅格与邻域栅格的高程除以两栅格间的距离。栅格间的距离与方向有关,若栅格的水流方向是东北、东南、西南、西北四个方向,则栅格间的距离为 $\sqrt{2}$ 倍的栅格大小,其他方向为 1。

4.1.1.3　汇流量分析

在地表径流模拟过程中,汇流累计量是基于水流方向数据计算得到的。汇流累计量的基本思想是:以规则网格表示的数字地面高程模型每点处有一个单位的水量,按照自然水流从高处流往低处的自然规律,根据区域地形的水流方向数据计算每点处所流过的流量数值,就可得到该区域的汇流累计量。

4.1.1.4　潜在汇水路径分析

潜在汇水路径是 DEM 水文过程的重要内容,常用的方法是通过汇流累计量提取地表水流网络。ArcGIS 水文分析模块中的河网提取方法主要采用地表径流漫流模型:首先,在无洼地 DEM 上利用最大坡降法得到每个栅格的水流方向;然后,根据自然水流从高处往低处的自然规律,计算出每个栅格在水流方向上累计的栅格数,即汇流累计量。假设每个栅格携带一个单位的水流,那么栅格的汇流累计量就代表该栅格的水流量。基于以上思想,当汇流累计量达到一定的阈值时,就会产生地表水流,所有汇流量大于临界值的栅格就是潜在的水流路径,由这些水流路径构成的网络,就是潜在河网。

潜在河网分级是对一个线性的河流网络以数字标识的形式划分等级。在地貌学中,对河流的分级是依据河流的流量、形态等因素进行。不同级别的河网代表的汇流累计量不同,级别越高,汇流累计量越大,一般是主流,而级别较低的河网一般是支流。

4.1.1.5 水流长度

水流长度通常是指在地面上一点沿着水流方向到其流向起点(或终点)间的最大地面距离在水平面上的投影长度。水流长度直接影响地面径流的速度,从而影响对地面土壤的侵蚀力。因此,水流长度的提取和分析在水土保持和防洪抗灾工作中有很重要的意义。

目前,在 ArcGIS 中水流长度的提取方式主要有两种:顺流计算和溯流计算。顺流计算是计算地面上每一点沿着水流方向到该点所在流域出口的最大地面距离的水平投影;溯流计算是计算地面上每一点沿着水流方向到其流向起点的最大地面距离的水平投影。本项目选择顺流计算方式,获取区域水流长度空间分布。

4.1.2 潜在汇水路径核密度分析

核密度分析工具用于计算要素在其周围邻域中的密度。此工具既可计算点要素的密度,也可计算线要素的密度。本项目针对潜在汇水路径进行核密度分析,主要是希望获取空间上河网密集分布的区域。

概念上,每条线上方均覆盖着一个平滑曲面。其核密度值在线所在位置处最大,随着与线的距离的增大,此核密度值逐渐减小;在与线的距离等于指定的搜索半径的位置处,此核密度值为零。由于定义了曲面,因此曲面与下方的平面所围成的空间的体积等于线长度与 Population 字段值(也可以设置为 NONE)的乘积。每个输出栅格像元的密度均为叠加在栅格像元中心的所有核表面的值之和。用于线的核函数是根据 Silverman 著作中所述的用于计算点密度的二次核函数改编的。

在 ArcGIS 软件平台中,使用搜索半径以各个栅格像元中心为圆心绘制一个圆。每条线上落入该圆内的部分的长度与 Population 字段值相乘。对这些数值进行求和,然后将所得的总和除以圆面积。图 4-2 中显示的是栅格像元与其圆形邻域,核密度计算公式如下:

$$D = (L_1 V_1 + L_2 V_2)/S \qquad (4-1)$$

式中,L_1 和 L_2 分别表示各条线落入圆内部分的长度;V_1 和 V_2 表示相应的 Population 字段值;S 为圆面积。如果 Population 字段使用的是除 NONE 之外的值,则线的长度将等于线的实际长度乘以其 Population 字段的值。

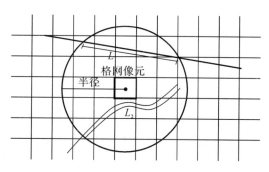

图 4-2　线密度分析示意图

4.1.3　汇流量分析方法

由于昆玉市及其周边区域面积较大,汇集在防洪区红线范围内的降雨量不仅包含红线范围以内的降雨,还包括来自南山的降雨。但现状有部分自然冲刷形成的洪沟,因此,本项目主要分析防洪区红线范围内、自然洪沟外的汇水量。

防洪区汇流量分析的方法主要在水文过程分析得到潜在水流路径的基础上,获取红线范围内关键出水口。统计出水口上的累计汇流量,并结合昆玉市水文情况计算该区域汇水总量。防洪区红线范围内汇流量计算公式为

$$Q = \sum_{i=1}^{n} 0.001 Q_i F_{\max} A \tag{4-2}$$

式中,Q 为防洪区红线范围内汇流量($\mathrm{m^3}$,剔除天然洪沟内的降雨量);n 为关键出水口个数;Q_i 为第 i 个出水口的累计汇流量(无量纲);$F_{\max}$ 为日最大降雨量(mm);A 为单位栅格面积($\mathrm{m^2}$),本项目中为 25 $\mathrm{m^2}$。

4.2　区域径流分析

4.2.1　现状与规划

4.2.1.1　项目区景观、城市、交通现状

项目区是典型的新疆沙漠地带,境内景观类型单一,主要是沙漠、城镇、人工植被。沙漠占据项目区总面积的 80%,城镇镶嵌在沙漠中,昆玉市北边的枣树基地是当地重要的经济来源和主要的植被类型。当前,昆玉市城镇面积较小、功能单一、基础设施匮乏,且常年遭受自然灾害。但该区域的交通现状

较好,境内有 G3012 高速公路(吐和高速)和 G315 国道两条重要的交通运输线路。其中,G3012 高速是 G30 高速(连霍高速)的经济联络线,起点为吐鲁番,经由库尔勒、库车、阿克苏、喀什至和田;G315 国道起点为西宁市,终点为喀什市,公路等级为二级,位于昆玉市中心城区南侧。

4.2.1.2 规划的用地和道路情况

从现状各类建设用地构成上看,工业用地、道路与交通设施用地、居住用地和公共管理与公共服务设施用地所占比例较大。其中,工业用地比例最高,为 37.60%;第二为道路与交通设施用地,比例为 21.16%;第三为居住用地,比例为 19.63%;第四为公共管理与公共服务设施用地,比例为 10.42%。如图 4-3 所示,规划保留了部分当前用地,新增了多处特殊用地(殡葬设施用地、武装部用地等),使得中心城区面积显著增加。中心城区现状形成方格状的路网格局,喀和铁路南侧的道路系统已基本成形,对外交通联系主要依托 G315 国道,另外喀和铁路已建成通车。内部道路与交通设施用地面积 1 448 400 m²,占城市建设用地的 20.52%。现状中心城区主要道路网形成"六横九纵"的格局。

图 4-3 项目区现状与规划空间分布图

4.2.1.3　项目区地形特点(高差、坡度、起伏度及其对水文过程的影响)

从图 4-4(a)可以看出,昆玉市中心城区红线范围内高程变化不明显,而汇水分析区内有一定高差,且呈现南高北低的地势。从周边区域来看,南山与昆玉市之间的高程差异明显,约有 600 m 的高差。悬殊的高差、特殊的地质及山区暴雨或融雪是形成洪水的主要原因。从图 4-4(b)可以看出,高坡度地区主要集中在南山,随着纬度北移,坡度越来越低。从图 4-4(c)可以看出,严重的荒漠化使得项目区及周边的起伏度较大,但中心城区范围内起伏度极低。

项目区特殊的地形使得昆玉市中心区南部的山区洪水突发性强,洪峰高,现状防洪堤防护能力偏弱,超标洪水极易威胁人民的生命财产安全。此外,山区冲沟缺乏有效治理,尤其现状东西两侧的东沟、西沟存在洪水溢出进入建设区的危险;现状皮亚勒玛引水干渠防洪堤损毁严重,无法抵御上游洪水通过干渠渠道进入城区。

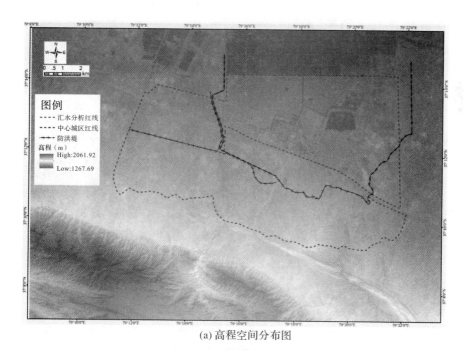

(a) 高程空间分布图

图 4-4　区域地形分析图

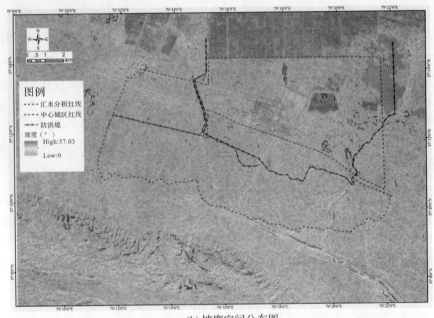

(b) 坡度空间分布图

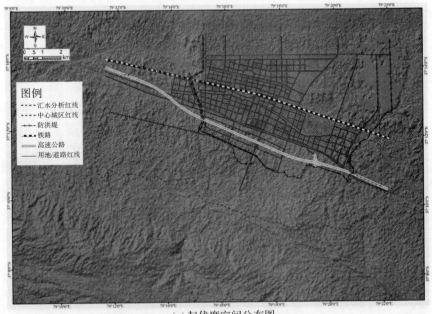

(c) 起伏度空间分布图

续图 4-4　区域地形分析图

4.2.2　区域水文过程

4.2.2.1　项目区水文过程简析

区域尺度水文过程主要是降雨在地表形成的径流及汇集过程,项目区降水汇集具有从南到北、径流突发性强、下渗系数低等特点。研究主要从水流方向、汇水空间分异、潜在河网提取、水流长度四个方面进行分析。其中,汇水空间分异、潜在河网分布是反映项目区水文差异的重要指标。

4.2.2.2　水流方向的定义及其空间分布图

水流方向是水文过程分析的基础,如图 4-5 所示,每一个栅格内的降水仅可能向相邻的 8 个方向流动,通过将中心栅格的 8 个邻域栅格编码,中心栅格的水流方向便可以由其中的某一值来确定。整个项目区内,向北、东北的水流方向比例较高,而在南山地区,还有一定面积的区域的水流方向是向西和西南。统计各个方向上面积比,得知正北方向面积最大,约占区域总面积的23.11%;西南方向面积最小,约占总面积的 5.96%,如图 4-6 所示。

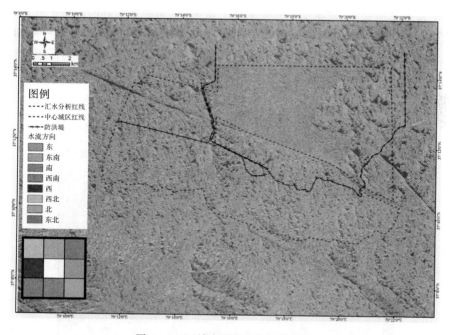

图 4-5　区域水流方向空间分布图

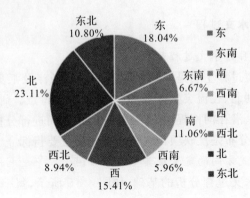

图 4-6 水流方向面积比例统计

注:图中数值为四舍五入后保留至小数点后两位所得。

4.2.2.3 区域汇流空间分布特征

汇流累计量能有效反映项目区自然地形条件应对降雨后,雨水汇流在空间上分布的差异。研究将汇流累计量分为五个等级,分别对应 0,>0～10,>10～50,>50～100,>100。从图 4-7 中可以得知,昆玉市中心城区红线内的汇流的等级较低,基本为无汇流和低汇流等级;而防洪堤外的区域汇流量较高,因此汇流等级高。统计区域内不同汇流等级面积比例(见图 4-8)得知,该区域内低汇流等级的面积最大,约占区域总面积的 53.30%;而高汇流等级的面积最小,约占总面积的 3.30%。

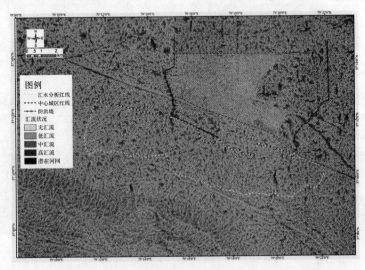

图 4-7 区域汇流量空间分布图

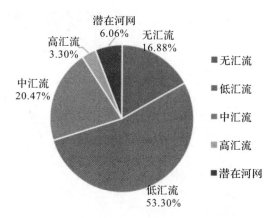

图 4 - 8　各个汇流等级面积比例统计

注:图中数值为四舍五入后保留至小数点后两位所得。

4.2.2.4　潜在汇水路径分布图

研究以 1 000 为阈值来设置汇流累计量,超过阈值认为会产生地表水流,所有汇流量大于 1 000 的栅格就是潜在的水流路径,从而确定潜在河网。对一个线性的河流网络以数字标识的形式划分等级,最终得到 6 个等级。从表 4 - 1 中可以得知,随着等级的增加,河流数量和累计长度不断减少,但是各等级潜在河流的平均长度均在 0.2 km 左右,因此通过设置合理空间位置和一定面积的汇水区可能会有效改善昆玉市中心城区的洪涝灾害。通过河网的空间分布图(见图 4 - 9)得知,昆玉市中心城区以南的降雨主要汇集到天然洪沟内,但有部分降雨会从两条洪沟之间向北汇集,从而对城区内造成洪涝灾害。虽然城市总体规划中的防洪堤能抵挡部分南山的降雨汇集,但这样的硬防护并不能有效提升该区域的景观结构和生态安全。

表 4 - 1　不同等级河网数量和长度统计

河网等级	河流数量/条	累计河流长度/km	平均长度/km
1	4 344	928.594 4	0.213 8
2	2 068	524.640 4	0.253 7
3	1 024	249.715 7	0.243 9
4	650	154.400 4	0.237 5
5	324	69.679 2	0.215 1
6	137	30.950 1	0.225 9

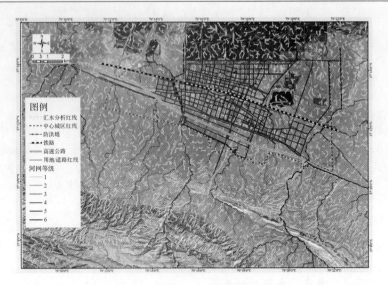

图 4-9 潜在汇水路径空间分布图

4.2.2.5 水流长度空间分布及特征

研究计算地面上每一栅格沿着水流方向到该栅格所在流域出口的最大地面距离的水平投影,得到水流长度空间分布图,如图 4-10 所示。从图中可得知,项目区及周边区域的水流长度空间分布具有南边大于北边、西边大于东边的特征,因此在进行软防护的过程中应该关注水流长度较大的区域。

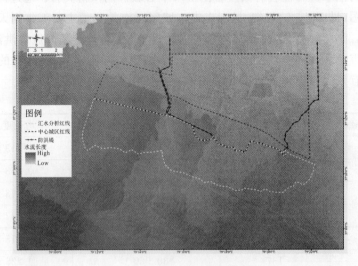

图 4-10 水流长度空间分布图

4.3 防洪区汇水分析

4.3.1 防洪区特点及汇水分析的需求

防洪区是城市总体规划以南的区域,防洪区汇水分析能有效反映南山的降雨汇集到中心城区内的可能性及其汇集路径。在项目区水文过程分析的基础上,研究以深入探究防洪区红线内的汇水过程并尝试计算出关键出水口的分布位置及其出水量,为后期软护岸建设和城市防洪提供科学依据。

4.3.2 防洪区汇流等级及各等级面积

截取防洪区内的汇流累计量,并按照前文的等级标准对防洪区红线内的汇流累计量进行分级。从图 4-11 中可以得知,防洪区红线内的汇流的等级较低,基本为无汇流和低汇流等级,高汇流和潜在河网主要分布在现状洪沟及其周边区域。统计防洪区内不同汇流等级面积比例(见图 4-12)得知,低汇流等级的面积最大,约占区域总面积的 56.18%;而高汇流和潜在河网面积不超过总面积的 10%。

图 4-11 防洪区汇流累计量空间分布图

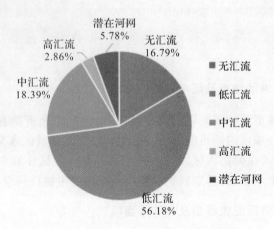

图 4-12　防洪区各个汇流等级面积比例统计

注:图中数值为四舍五入后保留至小数点后两位所得。

4.3.3　防洪区潜在汇水路径及其不同等级河网数量

　　裁剪防洪区内的潜在河网,获取防洪区内的潜在汇水路径并统计各个等级的河网数量、累计长度和平均长度,见表 4-2。从表中能得出,1~4 级河网数量较多,但累计河流长度和平均长度均随着河流等级的增加而减小。通过防洪区河网的空间分布图(见图 4-13)得知,5、6 级的河网的走向主要是从南向北,且两条天然洪沟是由 5、6 两个等级河网构成。部分 4、5 级的河网平行于天然洪沟向北延伸,这些潜在河网是造成中心城区洪涝灾害的主要水流路径。

　　注意:AcrGIS 分析出的潜在河网与真实地理河网有区别,一条河网是指从一个汇水节点到下一个汇水节点的路径。从图 4-13 可以看出,两条天然洪沟是由多条 5、6 级的河网连接形成。

表 4-2　防洪区内不同等级河网数量和长度统计

河网等级	河流数量/条	累计河流长度/km	平均长度/km
1	484	95.601 7	0.197 5
2	452	53.409 9	0.118 2
3	321	25.639 2	0.079 9
4	356	21.697 6	0.060 9
5	110	4.745 7	0.043 1
6	90	3.492 7	0.038 8

图 4 - 13　防洪区潜在汇水路径空间分布图

4.3.4　河网核密度分析结果(高密度表征潜在汇水路径多,地形复杂或洪峰值高)

潜在河网的核密度分析计算了各等级河网要素在其周围邻域中的密度,得到防洪区潜在河网的核密度空间分布图,如图 4 - 14 所示。从图中可以看出,河网密度分布最高的区域是南北向平行的五条带,其中有两条密度最高的带是天然洪沟,其他带是南北向的潜在汇水路径。此外,防洪区东边有一条东西向的高密度潜在河网分布区,该区域可能是南山降雨先向北汇集到道路前的防洪堤、后向西汇集到天然洪沟形成的。

图 4 - 14　防洪区潜在汇流路径核密度空间分布图

4.3.5 关键出水口分布(剔除了进出天然河道的汇水口)

结合防洪区内的潜在河网、核密度分析结果,确定会影响中心城区的关键汇流出水口,剔除天然洪沟中的汇流出水口后,共获取了 15 个关键出水口,如图 4-15 所示。从图中可以看出,出水口均分布在城市总体规划的防洪墙周边,且出水口的汇水源自南边。从空间分布上可以看出,关键出水口分布比较集中,1~5 号出水口集中分布在防洪堤西边,而 7~10 号出水口集中分布在两条洪沟之间。

图 4-15 防洪区水文过程关键出水口

统计关键出水口的核密度、汇流累计量并结合月最大降雨数据计算最大汇流量,得到表 4-3。从各个出水口的潜在河网的核密度大小来看,15 号出水口的核密度最大,其周围的潜在汇水路径最多;而 10 号出水口的核密度最小,其周围的潜在汇水路径最少。但是比较各个出水口的汇流累计量大小得知,7 号出水口的汇流累计量最大,其周边发生洪水的可能性最大;而 15 号出水口的汇流累计量最小,其周边发生洪水的可能性最小。虽然核密度和汇流累计量都是影响和控制区域汇水的关键指标,但是核密度主要是反映空间上发生汇水的密集性,而汇流累计量与洪峰息息相关。

根据水文资料得知,昆玉市月最大降雨量为 6.1 mm,因此通过公式
(4-2)计算出每个关键出水口的最大汇流量。通过表 4-3 可以得知,2、5、6、
7 这四个关键出水口的汇流量最大,分别高达 5 410.40 m^3、6 692.22 m^3、
3 920.55 m^3、8 030.60 m^3。统计所有关键出水口的最大汇流量,得到防洪区
最大汇流量为 33 782.29 m^3。

表 4-3　关键出水口相关数据统计

河网等级	河流数量/条	累计河流长度/km	平均长度/km
1	0.008 188	107 029	1 632.19
2	0.010 662	354 780	5 410.40
3	0.008 919	52 090	794.37
4	0.009 305	70 746	1 078.88
5	0.013 217	438 834	6 692.22
6	0.008 179	257 085	3 920.55
7	0.009 728	526 597	8 030.60
8	0.010 754	31 075	473.89
9	0.009 773	96 531	1 472.10
10	0.007 487	37 872	577.55
11	0.011 045	88 471	1 349.18
12	0.010 468	22 846	348.40
13	0.012 966	60 974	929.85
14	0.013 620	46 085	702.80
15	0.015 032	24 217	369.31

4.4　防洪对策分析与规划建议

4.4.1　软护岸空间分布位置分析

4.4.1.1　根据关键出水口分布特征确定

根据图 4-15 所示的关键出水口的空间分布特征得知,1~5 号出水口集
中分布在汇水分析区西部,6~11 号出水口夹在两条天然洪沟之间,而 12~15

号出水口集中分布在汇水分析区西部。因此可以按照这样的分布特征,分别在这三个地方布置软防护,以削减南边洪水对中心城区的影响。

4.4.1.2 根据关键出水口汇流量确定

根据表 4-3 可以得知,2、5、6、7 这四个关键出水口的汇流量比较大,因此可以将软防护设置在这几个关键出水口位置上。其中,6、7 号出水口的洪水均来自南山,可将软防护修筑在硬质防洪墙外。

4.4.2 蓄水量分析

防洪区汇水分析结果显示,该区域的最大汇流量约为 33 782.29 m^3,在考虑区域防护蓄水量时,可按照该蓄水量进行规划。此外,如果首先考虑软防护的空间位置分布,然后按照该位置规划每个区域的蓄水量,这样的规划更科学、更具实时性。

如果按照汇水在空间上的分布特征,根据图 4-15 所示的关键出水口的空间分布特征得知,1~5 号出水口集中分布在汇水分析区西部,需要总蓄水量 15 608.05 m^3 的软防护;6~11 号出水口夹在两条天然洪沟之间,需要总蓄水量 15 823.87 m^3 的软防护;而 12~15 号出水口集中分布在汇水分析区东部,仅需要总蓄水量 2 350.36 m^3 的软防护。

如果仅考虑关键出水口汇流量,根据表 4-3 可以得知,2、5 出水口分布在防洪区东部,总汇流量约为 12 102.62 m^3;6、7 这两个关键出水口分布在天然洪沟之间,且汇流量最大,总汇流量约为 11 951.15 m^3。因此如果软防护工程分期,第一期工程可以在防洪区东部和中部实施。

4.4.3 洪沟规划分析

中心城区东西两侧分别设有泄洪冲沟,主要用于夏季山洪泛滥时,引导北侧山洪向两侧戈壁排放。此外,防洪区有较多天然的纵向洪沟和部分沿道路和原始防洪堤修筑的横向洪沟,但缺乏防洪设施,且被垃圾和沉沙严重淤积,无法形成有效的洪水排泄通道,因此需要及时改善现有洪沟条件。根据城市总体规划防洪方案,具体改善措施包括加大现状冲沟整治力度,重点加强中心城区内东西冲沟整治,提高过水能力。山洪防治以避让预警等非工程措施为主,严禁占用自然冲沟与洪水耗散区,同时完善预警转移预案。

中心城区以南的高速路、国道等关键交通路线均呈东西向分布,虽然城市总体规划中有横向分布的防洪堤,但在软防护和防洪堤之间修筑洪沟不仅能提升防洪墙的防洪能力,还能完善南北向洪水向东西向转移最终汇入两条主要的洪沟内。新修建的洪沟需要考虑以下几方面。

4.4.3.1　位置分布

新修建的洪沟应处在规划的软防护区域与城市总体规划的防洪堤之间，且呈东西向分布，如图 4-16 所示。新修建的洪沟必须有较高的连通性，能有效连接上现状中南北向的洪沟，将洪峰时期的洪水及时导入两条天然洪沟内，以及时缓解软防护不能截留的洪水。各出水口概况见表 4-4。

图 4-16　软防护位置图

表 4-4　各出水口概况

出水口	最大汇流量总和/m³	长度/m	高度/m	宽度/m
1~5	15 607.76	2 772	0.5	11.26
6~10	14 474.69	2 616	0.5	11.07
12~15	2 350.36	2 386	0.5	3.28

4.4.3.2　修筑规模

由出水口汇流量的统计及软防护的深度计算，具体规模为宽度为 20 m，深度为 0.5 m，长度为 7 784 m 的区域，完全可解决 33 782.29 m³ 的洪水。

4.4.3.3 软防护措施

如图4-17～图4-19所示,采用洪水蓄存、水生植物净化的方式,起到雨洪管理的目的。植物选择耐水淹、耐旱、可净化水质的种类,乔木如胡杨、枫杨、旱柳、胶东卫矛,草本如芦苇、千屈菜、水葱、唐菖蒲。

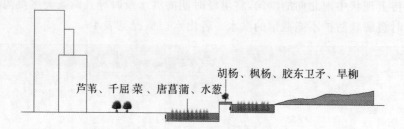

图4-17 软防护结构图示意

图4-18 外围软防护意向图　　　　图4-19 西侧洪水公园意向图

第5章　昆玉市严酷环境生态修复与绿化植被建设研究

5.1　研究目的及意义

南疆城镇大多呈环状、带状、串珠状和零星状分布在沙漠和戈壁边缘,为人工建立的生态绿洲,而人工绿洲又常处于不稳定的临界状态,干旱区自然环境恶劣,严酷环境下的城镇建设对具有绿化、美化双重功能的城市绿地系统建设需求更为迫切。

干旱区城镇绿化与景观生态建设必须以当地严酷自然条件和特殊生境为条件,以开发利用乡土绿化植物为重点,开展物种资源筛选、群落配置、建设与管护研究与示范,构建节约型、美观型、特色型城镇绿化与景观生态系统,有利于保障西北干旱区城镇生态安全,改善城镇人居环境,促进城镇可持续发展。

5.2　研究内容与方法

通过层析分析法、理论研究归纳法制定干旱区城镇绿化树种筛选的方法及体系;再根据干旱区城镇植物本身的生态习性、城市中绿地的功能要求,进行相应植物群落的配置,提供配置模式设计的原理及方法,作为理论体系推广。通过实地调研法对市域内园林植物的类型、分布情况、适应性展开调查,筛选出适合昆玉区域的抗旱、抗寒、抗风等园林植物种类,让绿地在城市中发挥最大的生态效益,为生态城镇发展提供系统性技术支持,促进区域城镇的可持续发展。

5.3　研究过程与结果

5.3.1　新疆南疆城市主要绿化树种及生态习性

5.3.1.1　南疆城镇园林植物——落叶乔木概况

南疆城镇园林植物——乔木汇总见表5-1。

表 5 - 1 乔木汇总表

序号	科	属	名　称
1	木犀科	梣属	白蜡树（*Fraxinus chinensis Roxb.*）、花曲柳（*Fraxinus rhynchophylla Hance*）、水曲柳（*Fraxinus mandschurica Rupr.*）、大叶白蜡（*Fraxinus americana L varrhynchophylla Hemsl*）、小叶白蜡（*Fraxinus bungeana*）
		丁香属	暴马丁香（*Syringa reticulata（Blume）H.*）
2	榆科	榆属	榆树（白榆）（*Ulmus pumila L.*）、垂枝榆（*Ulmus pumila L. cv. Tenue*）、龙爪榆（*Ulmus pumila L. cv. Pendula '*）、圆冠榆（*Ulmus densa Litw*）、黑榆（*Ulmus davidiana Planch.*）、欧洲白榆（大叶榆）（*Ulmus laevis Pall.*）、裂叶榆（*Ulmus laciniata（Trautv.）Mayr.*）、金叶榆（*Ulmus pumila cv. jinye.*）、金叶垂榆（无）、长枝榆（无）
3	蔷薇科	梨属	杜梨（*Pyrus betulifolia Bunge*）
		苹果属	苹果（*Malus pumila Mill.*）、新疆野苹果（*Malus sieversii（Ledeb.）Roem.*）、山荆子（*Malus baccata（L.）Borkh.*）、北美海棠（*North American Begonia*）、红叶海棠（*Malus yunnanensis var. veitchii Rehder*）、王族海棠（*Malus 'Royalty'*）
		杏属	山杏（*Armeniaca sibirica（L.）Lam.*）
		桃属	山桃（*Amygdalus davidiana（Carrière）de Vos ex Henry*）
		李属	碧桃（*Amygdalus persica L. var. persica f. duplex Rehd.*）
4	胡颓子科	胡颓子属	沙枣（*Elacagnus agustifolia Linn.*）
5	杨柳科	杨属	银灰杨（*Populus canescens*）、银白杨（*Populus alba*）、额河杨（*Populus × jrtyschensis Chen Y. Yang*）、苦杨（*Populus laurifolia*）、胡杨（*Populus euphratica Oliv.*）、杨树（*PopulusL.*）
		柳属	旱柳（*Salix matsudana*）、馒头柳（*Salix matsudana var. matsudana f. umbraculifera Rehd.*）、白柳（*Salix alba L.*）、竹柳（无）

续表

序号	科	属	名　　称
6	胡桃科	枫杨属	枫杨（*Pterocarya stenoptera*）
		胡桃属	胡（核）桃楸（*Juglans mandshurica Maxim.*）、胡桃（*Juglans regia*）
7	豆科	皂荚属	皂荚（皂角）（*Gleditsia sinensis Lam.*）
		合欢属	合欢（*Albizia julibrissin Durazz.*）
		刺槐属	刺槐（*Robinia pseudoacacia Linn.*）
		紫荆属	巨紫荆（*Cercis gigantea*）
8	壳斗科	栎属	夏栎（夏橡）（*Quercus robur L.*）
9	槭树科	槭属	元宝槭（枫）（*Acer truncatum Bunge*）、茶条槭（*Acer ginnala Maxim.*）
10	芸香科	黄檗属	黄檗（*Phellodendron amurense Rupr.*）
11	卫矛科	卫矛属	白杜（桃叶卫矛）（*Euonymus maackii Rupr.*）
12	悬铃木科	悬铃木属	法桐（*Platanus orientalis Linn.*）
13	蝶形花亚科	槐属	香花槐（*Robinia pseudoacacia cv. idaho*）
14	玄参科	泡桐属	泡桐（*Paulownia.*）
15	藜科	梭梭属	梭梭（*Haloxylon ammodendron*（*C. A. Mey.*）*Bunge*）
16	圆柏亚科	刺柏属	刺柏（*Juniperus formosana Hayata*）
17	苦木科	臭椿属	千头椿（*Ailanthus altissima 'Qiantou'*）
18	楝科	楝属	苦楝树（*Melia azedarach Linn.*）

5.3.1.2　南疆城镇园林植物——落叶乔木详情

（1）白蜡树。

1）性状：落叶乔木，高 10～12 m。树皮灰褐色，纵裂。芽阔卵形或圆锥形，被棕色柔毛或腺毛。小枝黄褐色，粗糙，无毛或疏被长柔毛，旋即秃净，皮孔小，不明显。羽状复叶长 15～25 cm；叶柄长 4～6 cm，基部不增厚；叶轴挺直，上面具浅沟，初时疏被柔毛，旋即秃净；小叶 5～7 枚，硬纸质，卵形、倒卵状长圆形至披针形，长 3～10 cm，宽 2～4 cm，顶生小叶与侧生小叶近等大或稍大，先端锐尖至渐尖，基部钝圆或楔形，叶缘具整齐锯齿，上面无毛，下面无毛或有时沿中脉两侧被白色长柔毛,中脉在上面平坦,侧脉 8~10 对,下面凸起,细脉在两面凸起,明显网结;小叶柄长 3~5 mm。圆锥花序顶生或腋生枝梢,长 8~10 cm;花序梗长 2~4 cm,无毛或被细柔毛,光滑,无皮孔;花雌雄异株;雄花密集,花萼小,钟状,长约 1 mm,无花冠,花药与花丝近等长;雌花疏离,花萼大,桶状,长 2~3 mm,4 浅裂,花柱细长,柱头 2 裂。翅果匙形,长 3~4 cm,宽 4~6 mm,上中部最宽,先端锐尖,常呈犁头状,基部渐狭,翅平展,下延至坚果中部,坚果圆柱形,长约 1.5 cm;宿存萼紧贴于坚果基部,常在一侧开口深裂。花期 4—5 月,果期 7—9 月。

2)园林用途:喜光树种,对霜冻较敏感。喜深厚较肥沃湿润的土壤,常见于平原或河谷地带,较耐轻盐碱性土。白蜡树是优良的行道树、庭院树、公园树和遮阴树。

白蜡树生长情况调查见表 5-2。

表 5-2　乡土树种白蜡树生长情况调查表

生长情况				立地条件			光照条件		
胸径/cm	枝下高/m	冠幅/m	长势	土壤			光照充足	半阴	阴
				壤土					
				干旱	湿润	一般			
10~15	1.6~3	2.5~5	良好	√	√		√	√	

(2)花曲柳。

1)性状:落叶大乔木,高 12~15 m。树皮灰褐色,光滑,老时浅裂。冬芽阔卵形,顶端尖,黑褐色,具光泽,内侧密被棕色曲柔毛。当年生枝淡黄色,通直,无毛,去年生枝暗褐色,皮孔散生。羽状复叶长 15~35 cm;叶柄长

4～9 cm,基部膨大;叶轴上面具浅沟,小叶着生处具关节,节上有时簇生棕色曲柔毛;小叶 5～7 枚,革质,阔卵形、倒卵形或卵状披针形,长 3～11(15) cm,宽 2～6(8) cm,营养枝的小叶较宽大,顶生小叶显著大于侧生小叶,下方 1 对最小,先端渐尖、骤尖或尾尖,基部钝圆、阔楔形至心形,两侧略歪斜或下延至小叶柄,叶缘呈不规则粗锯齿状,齿尖稍向内弯,有时也呈波状,通常下部近全缘,上面深绿色,中脉略凹入,脉上有时疏被柔毛,下面色淡,沿脉腋被白色柔毛,渐秃净,细脉在两面均凸起;小叶柄长 0.2～1.5 cm,上面具深槽。圆锥花序顶生或腋生当年生枝梢,长约 10 cm;花序梗细而扁,长约 2 cm;苞片长披针形,先端渐尖,长约 5 mm,无毛,早落;花梗长约 5 mm;雄花与两性花异株;花萼浅杯状,长约 1 mm,萼毛三角形无毛;无花冠;两性花具雄蕊 2 枚,长约 4 mm,花药椭圆形,长约 3 mm,花丝长约 1 mm,雌蕊具短花柱,柱头 2 叉深裂;雄花花萼小,花丝细,长达 3 mm。翅果线形,长 3.5 cm,宽约 5 mm,先端钝圆、急尖或微凹,翅下延至坚果中部,坚果长约 1 cm,略隆起;具宿存萼。花期 4—5 月,果期 9—10 月。

2)园林用途:花曲柳喜光,耐寒,对气候、土壤要求不严,木材质地坚韧,纹理美丽而略粗,各地常引种栽培,作行道树和庭园树;树皮供药用。

花曲柳生长情况调查见表 5-3。

表 5-3　乡土树种花曲柳生长情况调查表

生长情况				立地条件			光照条件		
胸径/cm	枝下高/m	冠幅/m	长势	土壤			光照充足	半阴	阴
				壤土					
6～12	2～3.8	2～4.5	良好	干旱	湿润	一般	√		
				√		√			

(3)榆树(白榆)。

1)性状:落叶乔木,高达 25 m,胸径约 1 m,在干瘠之地长成灌木状。幼树树皮平滑,灰褐色或浅灰色,大树之皮暗灰色,不规则深纵裂,粗糙;小枝无毛或有毛,淡黄灰色、淡褐灰色或灰色,稀淡褐黄色或黄色,有散生皮孔,无膨大的木栓层及凸起的木栓翅;冬芽近球形或卵圆形,芽鳞背面无毛,内层芽鳞的边缘具白色长柔毛。叶椭圆状卵形、长卵形、椭圆状披针形或卵状披针形,长 2~8 cm,宽 1.2~3.5 cm,先端渐尖或长渐尖,基部偏斜或近对称,一侧楔形至圆,另一侧圆至半心脏形,叶面平滑无毛,叶背幼时有短柔毛,后变无毛或部分脉腋有簇生毛,边缘具重锯齿或单锯齿,侧脉每边 9~16 条,叶柄长 4~10 mm,通常仅上面有短柔毛。花先叶开放,在去年生枝的叶腋成簇生状。翅果近圆形,稀倒卵状圆形,长 1.2~2 cm,除顶端缺口柱头面被毛外,余处无毛,果核部分位于翅果的中部,上端不接近或接近缺口,成熟前后其色与果翅相同,初淡绿色,后白黄色,宿存花被无毛,4 浅裂,裂片边缘有毛,果梗较花被为短,长 1~2 mm,被(或稀无)短柔毛。花果期 3—6 月(东北较晚)。萌芽力强,耐修剪。生长快,寿命长。能耐干冷气候及中度盐碱,具抗污染性,叶面滞尘能力强。病虫害较多。

2)园林用途:榆树是阳性树种,喜光,耐旱,耐寒,耐瘠薄,不择土壤,适应性很强。根系发达,抗风力、保土力强。是良好的行道树、庭荫树、工厂绿化、营造防护林和四旁绿化树种。亦可修剪控制成灌木,塑造型,做绿篱。

榆树生长情况调查见表 5-4。

表 5-4 乡土树种榆树生长情况调查表

生长情况				立地条件			光照条件		
胸径/cm	枝下高/m	冠幅/m	长势	土壤			光照充足	半阴	阴
				壤土					
10~35	1.6~3	4~15	良好	干旱	湿润	一般	√		
				√		√			

(4)垂枝榆。

1)性状:落叶乔木,高达25 m,胸径约1 m,在干瘠之地长成灌木状;与榆树的主要区别在于树干上部的主干不明显,分枝较多,树冠伞形;树皮灰白色,较光滑;一至三年生枝下垂而不卷曲或扭曲。幼树树皮平滑,灰褐色或浅灰色,大树之皮暗灰色,不规则深纵裂,粗糙;小枝无毛或有毛,淡黄灰色、淡褐灰色或灰色,稀淡褐黄色或黄色,有散生皮孔,无膨大的木栓层及凸起的木栓翅;冬芽近球形或卵圆形,芽鳞背面无毛,内层芽鳞的边缘具白色长柔毛。叶椭圆状卵形、长卵形、椭圆状披针形或卵状披针形,长2~8 cm,宽1.2~3.5 cm,先端渐尖或长渐尖,基部偏斜或近对称,一侧楔形至圆,另一侧圆至半心脏形,叶面平滑无毛,叶背幼时有短柔毛,后变无毛或部分脉腋有簇生毛,边缘具重锯齿或单锯齿,侧脉每边9~16条,叶柄长4~10 mm,通常仅上面有短柔毛。花先叶开放,在去年生枝的叶腋成簇生状。翅果近圆形,稀倒卵状圆形,长1.2~2 cm,除顶端缺口柱头面被毛外,余处无毛,果核部分位于翅果的中部,上端不接近或接近缺口,成熟前后其色与果翅相同,初淡绿色,后白黄色,宿存花被无毛,4浅裂,裂片边缘有毛,果梗较花被为短,长1~2 mm,被(或稀无)短柔毛。花果期3—6月(东北较晚)。

2)园林用途:宜丛植,形成高低错落的景观。作庭园观赏树。

垂枝榆生长情况调查见表5-5。

表5-5　乡土树种垂枝榆生长情况调查表

生长情况				立地条件			光照条件		
胸径/cm	枝下高/m	冠幅/m	长势	土壤			光照充足	半阴	阴
				壤土					
8~12	1.5~1.8	3~4	良好	干旱	湿润	一般	√		
				√		√			

(5)龙爪榆。

1)性状:落叶乔木,高达25 m,胸径约1 m,在干瘠之地长成灌木状。幼树树皮平滑,灰褐色或浅灰色,大树之皮暗灰色,不规则深纵裂,粗糙;小枝无毛或有毛,淡黄灰色、淡褐灰色或灰色,稀淡褐黄色或黄色,有散生皮孔,无膨大的木栓层及凸起的木栓翅;冬芽近球形或卵圆形,芽鳞背面无毛,内层芽鳞的边缘具白色长柔毛。叶椭圆状卵形、长卵形、椭圆状披针形或卵状披针形,长2~8 cm,宽1.2~3.5 cm,先端渐尖或长渐尖,基部偏斜或近对称,一侧楔形至圆,另一侧圆至半心脏形,叶面平滑无毛,叶背幼时有短柔毛,后变无毛或部分脉腋有簇生毛,边缘具重锯齿或单锯齿,侧脉每边9~16条,叶柄长4~10 mm,通常仅上面有短柔毛。花先叶开放,在去年生枝的叶腋成簇生状。翅果近圆形,稀倒卵状圆形,长1.2~2 cm,除顶端缺口柱头面被毛外,余处无毛,果核部分位于翅果的中部,上端不接近或接近缺口,成熟前后其色与果翅相同,初淡绿色,后白黄色,宿存花被无毛,4浅裂,裂片边缘有毛,果梗较花被为短,长1~2 mm,被(或稀无)短柔毛。花果期3—6月(东北较晚)。

2)园林用途:阳性树,生长快,根系发达,适应性强,能耐干冷气候及中度盐碱,但不耐水湿(能耐雨季水涝)。在土壤深厚、肥沃、排水良好的冲积土及黄土高原生长良好。可作西北荒漠,华北及淮北平原、丘陵,东北荒山、砂地,以及滨海盐碱地的造林或"四旁"绿化树种。作庭园观赏树。

龙爪榆生长情况调查见表5-6。

表5-6 乡土树种龙爪榆生长情况调查表

生长情况				立地条件			光照条件		
胸径/cm	枝下高/m	冠幅/m	长势	土壤			光照充足	半阴	阴
				壤土					
8~12	1.5~2	2.8~4.5	良好	干旱	湿润	一般	√		
				√		√			

(6)圆冠榆。

1)性状:落叶乔木,枝条直伸至斜展,树冠密,近球形。喜光、耐寒、耐旱、抗高温,适合盐碱土壤生长,在土层深厚、湿润、疏松砂质土壤中生长迅速。耐夏季最高气温 45℃ 和冬季最低气温−39℃,日温差达 30℃幼枝多少被毛,当年生枝无毛,淡褐黄色或红褐色,两或三年生枝常被蜡粉;冬芽卵圆形,芽鳞背面多少被毛,尤以内部芽鳞显著。叶卵形,长 4～9 cm,宽 2.5～5 cm,先端渐尖,基部多少偏斜,一边楔形,一边耳状,叶面幼时有硬毛,后有凸起或平的毛迹,多少粗糙或平滑,叶背幼时被密毛,后被疏毛或近无毛,脉腋有簇生毛,边缘具钝的重锯齿或兼有单锯齿,侧脉每边 11～19 条,叶柄长 5～11 mm,上面被毛。花在去年生枝上排成簇状聚伞花花序。翅果长圆状倒卵形、长圆形或长圆状椭圆形,长 10～16 mm,宽 8～14 mm,除顶端缺口柱头面被毛外,余处无毛,果核部分位于翅果中上部,上端接近缺口,宿存花被无毛,4 浅裂,果梗较花被为短,长约 1 mm,无毛。花果期 4—5 月。耐盐碱程度:良。

2)园林用途:树冠球形,主干端直,绿荫浓密,树形优美,生命力强,为北方常见绿色景观树种。可孤植于草地,可列植于路旁。可用于工厂绿化、营造防护林。

圆冠榆生长情况调查见表 5－7。

表 5－7　乡土树种圆冠榆生长情况调查表

生长情况				立地条件			光照条件		
胸径/cm	枝下高/m	冠幅/m	长势	土壤			光照充足	半阴	阴
				壤土					
15～20	1～1.5	4～7	良好	干旱	湿润	一般	√		
				√	√	√			

(7)黑榆。

1)性状:落叶乔木或灌木状,高达 15 m,胸径约 30 cm;生于石灰岩山地及谷地。适应性强,耐干旱、抗碱性较强。喜光,耐寒。深根性,萌蘖力强。树皮浅灰色或灰色,纵裂成不规则条状,幼枝被或密或疏的柔毛,当年生枝无毛或多少被毛,小枝有时(通常萌发枝及幼树的小枝)具有向四周膨大而不规则纵裂的木栓层;冬芽卵圆形,芽鳞背面被覆部分有毛。叶倒卵形或倒卵状椭圆形,稀卵形或椭圆形,长 4~9 (12) cm,宽 1.5~4 (5.5) cm,先端尾状渐尖或渐尖,基部歪斜,一边楔形或圆形,一边近圆形至耳状,叶面幼时有散生硬毛,后脱落无毛,常留有圆形毛迹,不粗糙,叶背幼时有密毛,后变无毛,脉腋常有簇生毛,边缘具重锯齿,侧脉每边 12~22 条,叶柄长 5~10 (17) mm,全被毛或仅上面有毛。花在去年生枝上排成簇状聚伞花序。翅果倒卵形或近倒卵形,长 10~19 mm,宽 7~14 mm,果翅通常无毛,稀具疏毛,果核部分常被密毛,位于翅果中上部或上部,上端接近缺口,宿存花被无毛,裂片 4,果梗被毛,长约 2 mm。

2)园林用途:树干通直,树形高大,绿荫浓,适应性强,生长快,是新疆重要的绿化树种,用作行道树、庭荫树、防护林等。

黑榆生长情况调查见表 5-8。

表 5-8 乡土树种黑榆生长情况调查表

生长情况				立地条件			光照条件		
胸径/cm	枝下高/m	冠幅/m	长势	土壤 壤土			光照充足	半阴	阴
				干旱	湿润	一般			
8~15	1~1.8	4~5	良好			√	√		

(8)欧洲白榆(大叶榆)。

1)性状:落叶乔木,在原产地高达 30 m。树皮淡褐灰色,幼时平滑,后成鳞状,老则不规则纵裂;当年生枝被毛或几无毛;冬芽纺锤形。叶倒卵状宽椭圆形或椭圆形,通常长 8~15 cm,中上部较宽,先端凸尖,基部明显偏斜,一边楔形,一边半心脏形,边缘具重锯齿,齿端内曲,叶面无毛或叶脉凹陷处有疏毛,叶背有毛或近基部的主脉及侧脉上有疏毛,叶柄长 6~13 mm,全被毛或仅上面有毛。花常自花芽抽出,稀由混合芽抽出,20~30 余花排成密集的短聚伞花序,花梗纤细,不等长,长6~20 mm,花被上部 6~9 浅裂,裂片不等长。翅果卵形或卵状椭圆形,长约15 mm,边缘具睫毛,两面无毛,顶端缺口常微封闭,果核部分位于翅果近中部,上端微接近缺口,果梗长 1~3 cm。花果期4—5月。

2)园林用途:阳性、深根性树种,喜生于土壤深厚、湿润、疏松的沙壤土或壤土上,适应性强,抗病虫能力强,在严寒、高温或干旱的条件下,也能旺盛生长。与长枝榆、白榆同。可作行道树、遮阴树,可用于防风固沙、水土保持和盐碱地造林。

欧洲白榆生长情况调查见表5-9。

表 5-9　乡土树种欧洲白榆生长情况调查表

生长情况				立地条件			光照条件		
胸径/cm	枝下高/m	冠幅/m	长势	土壤			光照充足	半阴	阴
				壤土					
10~25	2~3.5	6~12	良好	干旱	湿润	一般	√		
				√		√			

(9)裂叶榆。

1)性状:落叶乔木,高达 27 m,胸径约 50 cm。喜光,稍耐阴,多生于山坡中部以上排水良好湿润的斜坡或山谷。较耐干旱瘠薄。树皮淡灰褐色或灰色,浅纵裂,裂片较短,常翘起,表面常呈薄片状剥落;一年生枝幼时被毛,后变无毛或近无毛,二年生枝淡褐灰色、淡灰褐色或淡红褐色,小枝无木栓翅;冬芽卵圆形或椭圆形,内部芽鳞毛较明显。叶倒卵形、倒三角状、倒三角状椭圆形或倒卵状长圆形,长7～18 cm,宽4～14 cm,先端通常3～7裂,裂片三角形,渐尖或尾状,不裂之叶先端具或长或短的尾状尖头,基部明显偏斜,楔形、微圆、半心脏形或耳状,较长的一边常覆盖叶柄,与柄近等长,其下端常接触枝条,边缘具较深的重锯齿,叶面密生硬毛,粗糙,叶背被柔毛,沿叶脉较密,脉腋常有簇生毛,侧脉每边10～17条,叶柄极短,长2～5 mm,密被短毛或下面的毛较少。花在去年生枝上排成簇状聚伞花序。翅果椭圆形或长圆状椭圆形,长1.5～2 cm,宽1～1.4 cm,除顶端凹缺柱头面被毛外,余处无毛,果核部分位于翅果的中部或稍向下,宿存花被无毛,钟状,常5浅裂,裂片边缘有毛,果梗常较花被为短,无毛。花果期4—5月。

2)园林用途:裂叶榆因叶大颜色深绿,枝条舒展,树形漂亮而备受人们的喜爱,是很好的绿化树种,可孤植或丛植,做庭荫树。

裂叶榆生长情况调查见表5-10。

表5-10　乡土树种裂叶榆生长情况调查表

生长情况				立地条件			光照条件		
胸径/cm	枝下高/m	冠幅/m	长势	土壤			光照充足	半阴	阴
				壤土					
				干旱	湿润	一般			
12～20	1.5～2.5	4～8	良好	√	√	√	√	√	

（10）杜梨。

1）性状：乔木，高达 10 m，树冠开展，枝常具刺。小枝嫩时密被灰白色绒毛，二年生枝条具稀疏绒毛或近于无毛，紫褐色；冬芽卵形，先端渐尖，外被灰白色绒毛。叶片菱状卵形至长圆卵形，长 4～8 cm，宽 2.5～3.5 cm，先端渐尖，基部宽楔形，稀近圆形，边缘有粗锐锯齿，幼叶上下两面均密被灰白色绒毛，成长后脱落，老叶上面无毛而有光泽，下面微被绒毛或近于无毛；叶柄长 2～3 cm，被灰白色绒毛；托叶膜质，线状披针形，长约 2 mm，两面均被绒毛，早落。伞形总状花序，有花 10～15 朵，总花梗和花梗均被灰白色绒毛，花梗长 2～2.5 cm；苞片膜质，线形，长 5～8 mm，两面均微被绒毛，早落；花直径 1.5～2 cm；萼筒外密被灰白色绒毛；萼片三角卵形，长约 3 mm，先端急尖，全缘，内外两面均密被绒毛，花瓣宽卵形，长 5～8 mm，宽 3～4 mm，先端圆钝，基部具有短爪。白色；雄蕊 20 枚，花药紫色，长约花瓣之半；花柱 2～3，基部微具毛。果实近球形，直径 5～10 mm，2～3 室，褐色，有淡色斑点，萼片脱落，基部具带绒毛果梗。花期 4 月，果期 8—9 月。

2）园林用途：适生性强，喜光，耐寒，耐旱，耐涝，耐瘠薄，在中性土及盐碱土中性土及盐碱土中均能正常生长。树形优美，常用于街道庭院及公园的绿化，防护林，水土保持。

杜梨生长情况调查见表 5-11。

表 5-11　杜梨生长情况调查表

生长情况				立地条件			光照条件		
胸径/cm	枝下高/m	冠幅/m	长势	土壤			光照充足	半阴	阴
				壤土					
10～35	1.6～3	4～6	良好	干旱	湿润	一般	√		
						√			

（11）沙枣。

1）性状：落叶乔木或小乔木，高 5～10 m，无刺或具刺，刺长 30～40 mm，棕红色，发亮；幼枝密被银白色鳞片，老枝鳞片脱落，红棕色，光亮。生命力很强，抗旱，抗风沙，耐盐碱，耐贫瘠。适应力强，山地、平原、沙滩、荒漠均能生长；对土壤、气温、湿度要求不甚严格。叶薄纸质，矩圆状披针形至线状披针形，长 3～7 cm，宽 1～1.3 cm，顶端钝尖或钝形，基部楔形，全缘，上面幼时具银白色圆形鳞片，成熟后部分脱落，带绿色，下面灰白色，密被白色鳞片，有光泽，侧脉不甚明显；叶柄纤细，银白色，长 5～10 mm。花银白色，直立或近直立，密被银白色鳞片，芳香，常 1～3 花簇生新枝基部最初 5～6 片叶的叶腋；花梗长 2～3 mm；萼筒钟形，长 4～5 mm，在裂片下面不收缩或微收缩，在子房上骤收缩，裂片宽卵形或卵状矩圆形，长约 3～4 mm，顶端钝渐尖，内面被白色星状柔毛；雄蕊几无花丝，花药淡黄色，矩圆形，长约 2.2 mm；花柱直立，无毛，上端甚弯曲；花盘明显，圆锥形，包围花柱的基部，无毛。果实椭圆形，长 9～12 mm，直径 6～10 mm，粉红色，密被银白色鳞片；果肉乳白色，粉质；果梗短，粗壮，长 3～6 mm。花期 5—6 月，果期 9 月。

2）园林用途：天然沙枣只分布在降水量低于 150 mm 的荒漠和半荒漠地区。根蘖性强，能保持水土，抗风沙，防止干旱，调节气候，改良土壤，为水土保持林优良树种，常用来营造防护林、防沙林、用材林和风景林。

沙枣生长情况调查见表 5-12。

5-12　乡土树种沙枣生长情况调查表

生长情况				立地条件			光照条件		
胸径/cm	枝下高/m	冠幅/m	长势	土壤			光照充足	半阴	阴
				壤土					
8～15	1～2	2.5～6	良好	干旱	湿润	一般	√	√	
				√	√	√			

（12）银灰杨。

1)性状:乔木,高达 20 m。树冠开展。树皮淡灰或青灰色,光滑,树干基部较粗糙。小枝淡灰色,圆筒形,常无毛;短枝淡褐色,被短绒毛。芽卵圆形,褐色,有短绒毛。萌条或长枝叶宽椭圆形,浅裂,边缘有不规则齿牙,上面绿色,无毛或被疏绒毛,下面和叶柄均被灰绒毛;短枝叶卵圆形、卵圆状椭圆形或菱状卵圆形,长 4~8 cm,宽 3.5~6 cm,先端钝,基部宽楔形或圆形,边缘有凹缺状齿牙,齿端钝,不内曲,两面无毛,或有时背面被薄的灰绒毛;叶柄微侧扁,无毛,略与叶片等长。雄花序长 5~8 cm,雄蕊 8~10 枚,花药紫红色,花盘绿色,歪斜;雌花序长 5~10 cm,花序轴初时有绒毛;子房具短柄,无毛。蒴果细长卵形,长 3~4 mm,2 瓣裂。花期 4 月,果期 5 月。

2)园林用途:银灰杨生长在河湾滩地、林缘、林中空地或深厚、疏松的冲积沙土上。常自成群落,且雌雄异地。喜光、抗寒、不耐干旱瘠薄土,根蘖力强。做行道树、公园遮阴树。

银灰杨生长情况调查见表 5-13。

表 5-13　乡土树种银灰杨生长情况调查表

生长情况				立地条件			光照条件		
胸径/cm	枝下高/m	冠幅/m	长势	土壤			光照充足	半阴	阴
				壤土					
15~45	2~5.5	3.5~5	良好	干旱	湿润	一般	√	√	
				√	√	√			

(13)银白杨。

1)性状:乔木,高 15~30 m。树干不直,雌株更歪斜;树冠宽阔。树皮白色至灰白色,平滑,下部常粗糙。小枝初被白色绒毛,萌条密被绒毛,圆筒形,灰绿或淡褐色。芽卵圆形,长 4～5 mm,先端渐尖,密被白绒毛,后局部或全部脱落,棕褐色,有光泽;萌枝和长枝叶卵圆形,掌状 3～5 浅裂,长 4～10 cm,宽 3～8 cm,裂片先端钝尖,基部阔楔形、圆形或平截,或近心形,中裂片远大于侧裂片,边缘呈不规则凹缺,侧裂片几呈钝角开展,不裂或凹缺状浅裂,初时两面被白绒毛,后上面脱落;短枝叶较小,长 4～8 cm,宽 2～5 cm,卵圆形或椭圆状卵形,先端钝尖,基部阔楔形、圆形,少微心形或平截,边缘有不规则且不对称的钝齿牙;上面光滑,下面被白色绒毛;叶柄短于或等于叶片,略侧扁,被白绒毛。雄花序长 3～6 cm;花序轴有毛,苞片膜质,宽椭圆形,长约 3 mm,边缘有不规则齿牙和长毛;花盘有短梗,宽椭圆形,歪斜;雄蕊 8～10 枚,花丝细长,花药紫红色;雌花序长 5～10 cm,花序轴有毛,雌蕊具短柄,花柱短,柱头 2,有淡黄色长裂片。蒴果细圆锥形,长约 5 mm,2 瓣裂,无毛。花期 4—5 月,果期 5 月。

2)园林用途:喜光,不耐荫。耐严寒,—40℃条件下无冻害;深根性。抗风力强,耐干旱气候,较耐盐碱。树形高耸,枝叶美观,幼叶红艳,可做绿化树种。也为西北地区平原沙荒造林树种。行道树、防风固沙等。银白杨生长情况调查见表 5-14。

表 5-14　乡土树种银白杨生长情况调查表

生长情况				立地条件			光照条件		
胸径/cm	枝下高/m	冠幅/m	长势	土壤			光照充足	半阴	阴
				壤土					
13～40	1.5～4.5	2.5～3.5	良好	干旱	湿润	一般	√		
				√		√			

(14)额河杨。

1)性状：乔木。树皮淡灰色，基部不规则开裂，树冠开展；小枝淡黄褐色，被毛，稀无毛，微有棱。叶卵形、菱状卵形或三角状卵形，长 5～8 cm，宽 4～6 cm，先端渐尖或长渐尖，基部楔形、阔楔形、稀圆形或截形，边缘半透明，具腺圆锯齿，上面淡绿色，两面沿脉有疏绒 毛，下面较密；叶柄先端微侧扁，被毛，稀无毛，略与叶片等长。雄花序长 3～4 cm，雄蕊 30～40 枚，花药紫红色；雌花序长 5～6 cm，有花 15～20 朵，轴被疏毛，稀无毛。蒴果卵圆形，2(3)瓣裂。花期 5 月，果期 6 月。

2)园林用途：野生植物，生于林缘、林中空地及沿河沙丘，自成群落，少与苦杨混生。用于河道生态修复、庭园遮阴。

额河杨生长情况调查见表 5－15。

表 5－15   乡土树种额河杨生长情况调查表

生长情况				立地条件			光照条件		
胸径/cm	枝下高/m	冠幅/m	长势	土壤			光照充足	半阴	阴
				壤土					
13～45	1.5～2.5	3.5～5	良好	干旱	湿润	一般	√		
					√	√			

(15)苦杨。

1)性状：乔木，高 10～15 m；树冠宽阔。树皮淡灰色，下部较暗有沟裂。萌枝有锐棱肋，姜黄色，小枝淡黄色，有棱，密被绒毛或稀无毛。芽圆锥形，多黏质，下部芽鳞有绒毛。萌枝叶披针形或卵状披针形，长 10～15 cm，先端急尖或短渐尖，基部楔形、圆形或微心形，边缘有密腺锯齿；短枝叶椭圆形、卵形、长圆状卵形，长 6～12 cm，宽 4～7 cm，先端急尖或短渐尖，基部圆形或楔形，边缘有细钝齿,有睫毛,两面沿叶脉常有疏绒毛;叶柄圆柱形,长 2～5 cm,上面有沟槽,密生绒毛。雄花序长 3～4 cm,雄蕊 30～40 枚,花药紫红色;苞片长 3～5 mm,近圆形,基部楔形,裂成多数细窄的褐色裂片,常早落;雌花序长 5～6 cm,果期增长,轴密被绒毛。蒴果卵圆形,长 5～6 mm,无毛或被疏毛,2(3)瓣裂。花期 4—5 月,果期 6 月。

2)园林用途:野生植物。用于河道生态修复,公园造景。

苦杨生长情况调查见表 5-16。

表 5-16　乡土树种苦杨生长情况调查表

生长情况				立地条件			光照条件		
				土壤			光照充足	半阴	阴
胸径/cm	枝下高/m	冠幅/m	长势	壤土					
				干旱	湿润	一般			
10～35	1.5～2.5	2.5～4.5	良好	√	√	√	√	√	

(16)白柳。

1)性状:乔木,高达 20(25)m,胸径达 1 m。树冠开展;树皮暗灰色,深纵裂;幼枝有银白色绒毛,老枝无毛,淡褐色。芽贴生,长约 6 mm,宽约 1.5 mm,急尖。叶披针形、线状披针形、阔披针形、倒披针形或倒卵状披针形,长 5～12(15)cm,宽 1～3(3.5)cm,先端渐尖或长渐尖,基部楔形,幼叶两面有银白色绢毛,成叶上面常无毛,下面稍有绒毛或近无毛,侧脉 12～15 对,成 30°～45°开展,边缘有细锯齿;叶柄长 0.2～1 cm,有白色绢毛,托叶披针形,有伏毛,边缘有腺点,早脱落。花序与叶同时开放,有梗,梗长 5～8 mm,基部有长圆状倒卵形小叶,轴有密白色绒毛;雄花序长 3～5 cm,花药鲜黄色,较疏,雄蕊 2

离生,花丝基部有毛;苞片卵状披针形或倒卵状长圆形,淡黄色,全缘、内面无毛,外面近无毛或基部有疏毛,有缘毛;腺体 2,背生和腹生;雌花序长3~4.5 cm,花较疏,子房卵状圆锥形,长 4.5~5 mm,有短柄或近无柄,无毛,花柱短,常 2 浅裂,柱头 2 裂;苞片披针形或卵状披针形全缘,淡黄色,内面有白色绵毛,外面仅基部有白色绵毛,有缘毛,早脱落;腺体 1,腹生,稀有 1 不发达的背腺。果序长 3~5.5 cm。花期 4—5 月,果期 5 月。

2)园林用途:野生种,多沿河生长。树干通直,可作观赏树种,也可用于河道生态修复,公园造景。

白柳生长情况调查见表 5-17。

表 5-17　乡土树种白柳生长情况调查表

生长情况				立地条件			光照条件		
胸径/cm	枝下高/m	冠幅/m	长势	土壤			光照充足	半阴	阴
				壤土					
10~35	0.8~1.5	3.5~6	良好	干旱	湿润	一般	√	√	
					√	√			

(17)胡杨。

1)性状:乔木,高 10~15 m,稀灌木状。树皮淡灰褐色,下部条裂;萌枝细,圆形,光滑或微有绒毛。芽椭圆形,光滑,褐色,长约 7 mm。苗期和萌枝叶披针形或线状披针形,全缘或不规则的疏波状齿牙缘;成年树小枝泥黄色,有短绒毛或无毛,枝内富含盐量,嘴咬有咸味。叶形多变化,卵圆形、卵圆状披针形、三角状卵圆形或肾形,先端有粗齿牙,基部楔形、阔楔形、圆形或截形,有2 腺点,两面同色;叶柄微扁,约与叶片等长,萌枝叶柄极短,长仅约 1 cm,有短绒毛或光滑。雄花序细圆柱形,长 2～3 cm,轴有短绒毛,雄蕊 15～25 枚,花药紫红色,花盘膜质,边缘有不规则齿牙;苞片略呈菱形,长约 3 mm,上部有疏齿牙;雌花序长约 2.5 cm,花序轴有短绒毛或无毛,子房长卵形,被短绒毛或无毛,子房柄约与子房等长,柱头 3,2 浅裂,鲜红或淡黄绿色。蒴果长卵圆形,长 10～12 mm,2(3)瓣裂,无毛。花期 5 月,果期 7—8 月。

2)园林用途:喜光、抗热、抗大气干旱、抗盐碱、抗风沙。河道、公园特色造景树种。

胡杨生长情况调查见表 5-18。

表 5-18　乡土树种胡杨生长情况调查表

生长情况				立地条件			光照条件		
				土壤			光照充足	半阴	阴
胸径/cm	枝下高/m	冠幅/m	长势	壤土					
				干旱	湿润	一般			
15～40	2～5.5	3.5～6	良好	√		√	√	√	

(18)苹果。

1)性状:乔木,高可达 15 m,多具有圆形树冠和短主干;小枝短而粗,圆柱形,幼嫩时密被绒毛,老枝紫褐色,无毛;冬芽卵形,先端钝,密被短柔毛。叶片椭圆形、卵形至宽椭圆形,长 4.5～10 cm,宽 3～5.5 cm,先端急尖,基部宽楔形或圆形,边缘具有圆钝锯齿,幼嫩时两面具短柔毛,长成后上面无毛;叶柄粗壮,长 1.5～3 cm,被短柔毛;托叶草质,披针形,先端渐尖,全缘,密被短柔毛,早落。伞房花序,具花 3～7 朵,集生于小枝顶端,花梗长 1～2.5 cm,密被绒毛;苞片膜质,线状披针形,先端渐尖,全缘,被绒毛;花直径 3～4 cm;萼筒外面密被绒毛;萼片三角披针形或三角卵形,长 6～8 mm,先端渐尖,全缘,内外两面均密被绒毛,萼片比萼筒长;花瓣倒卵形,长 15~18 mm,基部具短爪,白色,含苞未放时带粉红色;雄蕊 20 枚,花丝长短不齐,约等于花瓣之半;花柱 5,下半部密被灰白色绒毛,较雄蕊稍长。果实扁球形,直径在 2 cm 以上,先端常有隆起,萼洼下陷,萼片永存,果梗短粗。花期 5 月,果期 7—10 月。

2)园林用途:苹果春季观花,白润晕红;秋时赏果,丰富色艳,是可供观赏的优良树种。在适宜栽培的地区可配置成"苹果村"式的观赏果园;可列植于道路两侧;在街头绿地、居民区、宅院可栽植一两株,使人们多一种回归自然的情趣。

苹果生长情况调查见表 5-19。

表 5-19　苹果生长情况调查表

生长情况				立地条件			光照条件		
胸径/cm	枝下高/m	冠幅/m	长势	土壤			光照充足	半阴	阴
				壤土					
8~15	1~2	2.5~5	良好	干旱	湿润	一般	√		
						√			

(19)新疆野苹果。

1)性状:乔木,高达 2~10 m,稀达 14 m;树冠宽阔,常有多数主干;小枝短粗,圆柱形,嫩时具短柔毛,二年生枝微屈曲,无毛,暗灰红色,具疏生长圆形皮孔;冬芽卵形,先端钝,外被长柔毛,鳞片边缘较密,暗红色。叶片卵形、宽椭圆形、稀倒卵形,长 6~11 cm,宽 3~5.5 cm,先端急尖,基部楔形,稀圆形,边缘具圆钝锯齿,幼叶下面密被长柔毛,老叶较少,浅绿色,上面沿叶脉有疏生柔毛,深绿色,侧脉 4~7 对,下面叶脉显著;叶柄长 1.2~3.5 cm,具疏生柔毛;托叶膜质,披针形,边缘有白色柔毛,早落。花序近伞形,具花 3~6 朵。花梗较粗,长约 1.5 cm,密被白色绒毛;花直径 3~3.5 cm;萼筒钟状,外面密被绒毛;萼片宽披针形或三角披针形,先端渐尖,全缘,长约 6 mm,两面均被绒毛,内面较密,萼片比萼筒稍长;花瓣倒卵形,长 1.5～2 cm,基部有短爪,粉色,含苞未放时带玫瑰紫色;雄蕊 20 枚,花丝长短不等,长约花瓣之半;花柱 5,基部密被白色绒毛,与雄蕊约等长或稍长。果实大,球形或扁球形,直径 3～4.5 cm,稀达 7 cm,黄绿色有红晕,萼洼下陷,萼片宿存,反折;果梗长 3.5～4 cm,微被柔毛。花期 5 月,果期 8—10 月。

2)园林用途:产于新疆西部。山顶、山坡或河谷地带,有大面积野生林,耐寒,耐旱力强,丰产。野生类型很多,有红果子、黄果子、绿果子和白果子等。观花、果,闻香。用于庭园及公园造景。

新疆野苹果生长情况调查见表 5－20。

表 5－20　乡土树种新疆野苹果生长情况调查表

生长情况				立地条件			光照条件		
胸径/cm	枝下高/m	冠幅/m	长势	土壤			光照充足	半阴	阴
				壤土					
				干旱	湿润	一般			
8～15	1～1.5	2.5～5	良好			√	√		

(20)枫杨。

1)性状:大乔木,高达 30 m,胸径达 1 m;喜光树种,不耐庇荫。耐湿性强,深根性树种,主根明显,侧根发达。萌芽力很强,生长很快。幼树树皮平滑,浅灰色,老时则深纵裂;小枝灰色至暗褐色,具灰黄色皮孔;芽具柄,密被锈褐色盾状着生的腺体。叶多为偶数或稀奇数羽状复叶,长 8～16 cm(稀达 25 cm),叶柄长 2～5 cm,叶轴具翅至翅不甚发达,与叶柄一样被有疏或密的短毛;小叶 10～16 枚(稀 6～25 枚),无小叶柄,对生或稀近对生,长椭圆形至长椭圆状披针形,长 8~12 cm,宽 2~3 cm,顶端常钝圆或稀急尖,基部歪斜,上方 1 侧楔形至阔楔形,下方 1 侧圆形,边缘有向内弯的细锯齿,上面被有细小的浅色疣状凸起,沿中脉及侧脉被有极短的星芒状毛,下面幼时被有散生的短柔毛,成长后脱落而仅留有极稀疏的腺体及侧脉腋内留有 1 丛星芒状毛。雄性菜黄花序长 6~10 cm,单独生于去年生枝条上叶痕腋内,花序轴常有稀疏的星芒状毛。雄花常具 1(稀 2 或 3)枚发育的花被片,雄蕊 5~12 枚。雌性菜黄花序顶生,长 10~15 cm,花序轴密被星芒状毛及单毛,下端不生花的部分长达 3 cm,具 2 枚长达 5 mm 的不孕性苞片。雌花几乎无梗,苞片及小苞片基部常有细小的星芒状毛,并密被腺体。果序长 20~45 cm,果序轴常被有宿存的毛。果实长椭圆形,长 6~7 mm,基部常有宿存的星芒状毛;果翅狭,条形或阔条形,长 12~20 mm,宽 3~6 mm,具近于平行的脉。花期 4—5 月,果熟期 8—9 月。

2)园林用途:树冠宽广,枝叶茂密,适应性强,较耐水湿,常种于水边。庭荫树和防护树种。

枫杨生长情况调查见表 5-21。

表 5-21　枫杨生长情况调查表

生长情况				立地条件			光照条件		
胸径/cm	枝下高/m	冠幅/m	长势	土壤			光照充足	半阴	阴
				壤土					
				干旱	湿润	一般			
6~15	1.2~3	3.5~4.5	良好			√	√		

(21)北美海棠。

1)性状:落叶小乔木,株高一般在 5~7 m,呈圆丘状,或整株直立呈垂枝状。分枝多变,互生直立悬垂等无弯曲枝。树干颜色为新干棕红色,黄绿色,老干灰棕色,有光泽,观赏性高。花朵基部合生,花色有白色、粉色、红色、鲜红;花序分伞状或着伞房花序的总状花序,多有香气。肉质梨果,带有脱落型或着不脱落型的花萼;颜色有红、黄或绿色;较大的称为苹果,较小的称为海棠果。

2)园林用途:北美海棠可以做行道树,也可以做园林绿化树,观赏价值很高,其花、果、叶色观赏时期长,在不同季节中都能够体现出不同效果。北美海棠适应性强,管理简单,可在区、庭院、公园、广场、风景区中广泛种植。与此同时,北美海棠可以吸附空气中的二氧化碳,从而起到净化空气的作用。

北美海棠生长情况调查见表 5-22。

表 5-22 北美海棠生长情况调查表

生长情况				立地条件			光照条件		
胸径/cm	枝下高/m	冠幅/m	长势	土壤			光照充足	半阴	阴
				壤土					
6～15	1.2～2.8	3.5～5	良好	干旱	湿润	一般	√		
						√			

(22)红叶海棠。

1)性状:乔木,高 3～7 m,树型直立,树冠圆形,枝条暗紫红色,叶片椭圆形,锯齿钝。耐盐碱,耐旱。春、夏、秋三季其新叶色始终以红色为基调深浅变化,叶片上有金属般的光亮,整个树给人以光彩四溢的感觉。4月上旬始花,果实球形,黑红色,表面被霜状蜡质。果萼宿存,是具观赏价值的彩叶品种。

2)园林用途:春季花繁,夏季枝叶繁茂,秋季红果诱人,冬季枝干透红。是优秀的园林绿化树种。可在亭台周围、门庭两侧对植、片植或在丛林、草坪边缘、湖畔成片群植,在公园游步、道旁两侧列植或片植。

红叶海棠生长情况调查见表 5-23。

表 5-23　红叶海棠生长情况调查表

生长情况				立地条件			光照条件		
胸径/cm	枝下高/m	冠幅/m	长势	土壤 壤土,无大块砾石			光照充足	半阴	阴
8～12	1～2	2.5～5	良好	干旱	湿润	一般	√		
					√				

(23)王族海棠。

1)性状:树型紧密,株高 4.5～6 m,冠幅 2～3 m,小枝暗紫;新叶红色,老叶绿色,花深粉色,开花繁密而艳丽,花期 4 月下旬。果实紫红色,6 月就红艳如火,直到隆冬。果熟期 6—12 月。在哈尔滨地区,4 月中下旬开始萌芽,5 月初,枝条上生出 2 片嫩红色叶芽,干皮紫红色,小枝紫红色、光滑。5 月上旬开始展叶,嫩叶亮红色,开始进入观赏期。5 月下旬开始进入生长旺盛期,单叶互生,叶长椭圆形,长 5～8 cm,宽 3～5 cm,先端渐尖,基部楔形,薄革质,叶缘具尖锐锯齿,叶片上有金属般的光亮,叶片成熟时逐渐紫红透绿,全株以紫红色为主,11 月上旬开始落叶。

2)园林用途:王族海棠树姿优美,集观叶、观花、观果于一体,特别是其花朵,色泽独特,高贵典雅。特别适宜我国北方园林绿地栽植应用,可作行道树,可植于庭院、草地、林缘,也可植于建筑物前。种植形式既可孤植、列植,又可片植、林植,景观效果好。王族海棠花艳叶美,可在绿化中用做花篱栽培树种。

王族海棠生长情况调查见表 5-24。

表 5-24　王族海棠生长情况调查表

生长情况				立地条件			光照条件		
胸径/cm	枝下高/m	冠幅/m	长势	土壤			光照充足	半阴	阴
				壤土					
				干旱	湿润	一般			
8~12	0.5~1	2.5~4.5	良好	√			√		

（24）山荆子。

1）性状：乔木，高达 10~14 m，树冠广圆形，幼枝细弱，微屈曲，圆柱形，无毛，红褐色；老枝暗褐色；生长茂盛，繁殖容易，耐寒力强。根系深长，结果早而丰产。冬芽卵形，先端渐尖，鳞片边缘微具绒毛，红褐色。叶片椭圆形或卵形，长 3~8 cm，宽 2~3.5 cm，先端渐尖，稀尾状渐尖，基部楔形或圆形，边缘有细锐锯齿，嫩时稍有短柔毛或完全无毛；叶柄长 2~5 cm，幼时有短柔毛及少数腺体，不久即全部脱落，无毛；托叶膜质，披针形，长约 3 mm，全缘或有腺齿，早落。伞形花序，具花 4~6 朵，无总梗，集生在小枝顶端，直径 5~7 cm；花梗细长，1.5~4 cm，无毛；苞片膜质，线状披针形，边缘具有腺齿，无毛，早落；花直径 3~3.5 cm；萼筒外面无毛；萼片披针形，先端渐尖，全缘，长 5~7 mm，外面无毛，内面被绒毛，长于萼筒；花瓣倒卵形，长 2~2.5 cm，先端圆钝，基部有短爪，白色；雄蕊 15~20 枚，长短不齐，约等于花瓣之半；花柱 5 或 4，基部有长柔毛，较雄蕊长。果实近球形，直径 8~10 mm，红色或黄色，柄洼及萼洼稍微陷入，萼片脱落；果梗长 3~4 cm。花期 4—6 月，果期 9—10 月。

2）园林用途：树姿优雅娴美，花繁叶茂，白花、绿叶、红枝互相映衬，美丽鲜艳，是优良的观赏树种。幼树树冠圆锥形，老时圆形，早春开放白色花朵，秋季结成小球形红黄色果实,经久不落,在冬、春季可为鸟类提供食源,可作庭园观赏树种。

山荆子生长情况调查见表 5 - 25。

表 5 - 25　乡土树种山荆子生长情况调查表

生长情况				立地条件			光照条件		
胸径/cm	枝下高/m	冠幅/m	长势	土壤			光照充足	半阴	阴
				沙质土					
				干旱	湿润	一般			
6～15	1.5～2.5	3～6	良好	√	√	√	√		

(25)暴马丁香。

1)性状:落叶小乔木或大乔木,高 4～10 m,稀达 15 m,具直立或开展枝条;生树种;性喜温暖湿润气候,耐严寒,对土壤要求不严,喜湿润的冲积土。树皮紫灰褐色,具细裂纹。枝灰褐色,无毛;当年生枝绿色或略带紫晕,无毛,疏生皮孔;二年生枝棕褐色,光亮,无毛,具较密皮孔。叶片厚纸质,宽卵形、卵形至椭圆状卵形,或为长圆状披针形,长 2.5～13 cm,宽 1～6(8) cm,先端短尾尖至尾状渐尖或锐尖,基部常圆形,或为楔形、宽楔形至截形,上面黄绿色,干时呈黄褐色,侧脉和细脉明显凹入使叶面呈皱缩,下面淡黄绿色,秋时呈锈色,无毛,稀沿中脉略被柔毛,中脉和侧脉在下面凸起;叶柄长 1～2.5 cm,无毛。圆锥花序由 1 到多对着生于同一枝条上的侧芽抽生,长 10～20(27) cm,宽 8～20 cm;花序轴、花梗和花萼均无毛;花序轴具皮孔;花梗长 0～2 mm;花萼长 1.5～2 mm,萼齿钝、凸尖或截平;花冠白色,呈辐状,长 4～5 mm,花冠管长约 1.5 mm,裂片卵形,长 2～3 mm,先端锐尖;花丝与花冠裂片近等长或长于裂片,可达 1.5 mm,花药黄色。果长椭圆形,长 1.5~2(2.5) cm,先端常钝,或为锐尖、凸尖,光滑或具细小皮孔。花期 6—7 月,果期 8—10 月。

2)园林用途:树姿美观,花香浓郁,色彩青翠,为庭园造景和重要的香味园林树种。常用于公园、庭院及行道树。

暴马丁香生长情况调查见表 5-26。

表 5-26 暴马丁香生长情况调查表

生长情况				立地条件			光照条件		
胸径/cm	枝下高/m	冠幅/m	长势	土壤			光照充足	半阴	阴
				壤土					
				干旱	湿润	一般			
8~12	1.2~2.5	3~5	良好	√	√		√		

(26)皂荚(皂角)。

1)性状:乔木,高可达 15 m。性喜光,稍耐阴,喜温暖湿润气候及深厚肥沃适当的湿润土壤,但对土壤要求不严,在石灰质及盐碱甚至黏土或砂土均能正常生长。多具有圆形树冠和短主干;小枝短而粗,圆柱形,幼嫩时密被绒毛,老枝紫褐色,无毛;冬芽卵形,先端钝,密被短柔毛。叶片椭圆形、卵形至宽椭圆形,长 4.5~10 cm,宽 3~5.5 cm,先端急尖,基部宽楔形或圆形,边缘具有圆钝锯齿,幼嫩时两面具短柔毛,长成后上面无毛;叶柄粗壮,长 1.5~3 cm,被短柔毛;托叶草质,披针形,先端渐尖,全缘,密被短柔毛,早落。伞房花序,具花 3~7 朵,集生于小枝顶端,花梗长 1~2.5 cm,密被绒毛;苞片膜质,线状披针形,先端渐尖,全缘,被绒毛;花直径 3~4 cm;萼筒外面密被绒毛;萼片三角披针形或三角卵形,长 6~8 mm,先端渐尖,全缘,内外两面均密被绒毛,萼片比萼筒长;花瓣倒卵形,长 15~18 mm,基部具短爪,白色,含苞未放时带粉红色;雄蕊 20 枚,花丝长短不齐,约等于花瓣之半;花柱 5,下半部密被灰白色绒毛,较雄蕊稍长。果实扁球形,直径在 2 cm 以上,先端常有隆起,萼洼下陷,萼片永存,果梗短粗。花期 5 月,果期 7—10 月。

2)园林用途:树姿端庄,公园、庭园、绿地孤植或群植。

皂荚生长情况调查见表 5-27。

表 5-27　皂荚生长情况调查表

生长情况				立地条件			光照条件		
胸径/cm	枝下高/m	冠幅/m	长势	土壤			光照充足	半阴	阴
				壤土					
				干旱	湿润	一般			
4～7	1.6～2.5	3～5	一般		√	√	√		

(27)旱柳。

1)性状:乔木,高达 18 m,胸径达 80 cm。大枝斜上,树冠广圆形;树皮暗灰黑色,有裂沟;枝细长,直立或斜展,浅褐黄色或带绿色,后变褐色,无毛,幼枝有毛。芽微有短柔毛。叶披针形,长 5～10 cm,宽 1～1.5 cm,先端长渐尖,基部窄圆形或楔形,上面绿色,无毛,有光泽,下面苍白色或带白色,有细腺锯齿缘,幼叶有丝状柔毛;叶柄短,长 5～8 mm,在上面有长柔毛;托叶披针形或缺,边缘有细腺锯齿。花序与叶同时开放;雄花序圆柱形,长 1.5～2.5 (3) cm,粗 6～8 mm,多少有花序梗,轴有长毛;雄蕊 2 枚,花丝基部有长毛,花药卵形,黄色;苞片卵形,黄绿色,先端钝,基部多少有短柔毛;腺体 2;雌花序较雄花序短,长达 2 cm,粗约 4 mm,有 3～5 小叶生于短花序梗上,轴有长毛;子房长椭圆形,近无柄,无毛,无花柱或很短,柱头卵形,近圆裂;苞片同雄花;腺体 2,背生和腹生。果序长达 2(2.5) cm。花期 4 月,果期 4—5 月。

2)园林用途:枝叶柔软嫩绿,树冠丰满,易成活、生长快、适应性强。宜沿水种植,草坪上种植及用作行道树、防护林树均可。宜作护岸林、防风林、庭荫树及行道树固沙保土四旁绿化树种。

旱柳生长情况调查见表5-28。

表5-28 乡土树种旱柳生长情况调查表

生长情况				立地条件			光照条件		
胸径/cm	枝下高/m	冠幅/m	长势	土壤			光照充足	半阴	阴
				壤土					
15	2	5	良好	干旱	湿润	一般	√		
				√					

(28)夏栎(夏橡)。

1)性状:落叶乔木,树高可达40 m。抗寒性强,能耐-40℃低温,耐高温且抗大气干旱,较耐盐碱,适应性强,对土壤要求不严,但在土层较厚、供水条件良好的条件下,长势旺盛健壮,根深叶茂,寿命长,深根性,抗风力强。幼枝被毛,不久即脱落;小枝赭色,无毛,被灰色长圆形皮孔;冬芽卵形,芽鳞多数,紫红色,无毛。叶片长倒卵形至椭圆形,长6~20 cm,宽3~8 cm,顶端圆钝,基部为不甚平整的耳形,叶缘有4~7对深浅不等的圆钝锯齿,叶面淡绿色,叶背粉绿色,侧脉每边6~9条;叶柄长3~5 mm。果序纤细,长4~10 cm,径约1.5 cm,着生果实2~4个。壳斗钟形,直径1.5~2 cm,包着坚果基部1/5;小苞片三角形,排列紧密,被灰色细绒毛。坚果当年成熟,卵形或椭圆形,直径1~1.5 cm,高2~3.5 cm,无毛;果脐内陷,径5~7 mm。花期3~4月,果期9—10月。

2)园林用途:树干通直,树型端庄,叶肥大,枝条舒展,冠形大,遮阳效果好,优良的园林树种。可孤植于草坪、列植于路旁。

夏栎生长情况调查见表 5-29。

表 5-29　乡土树种夏栎生长情况调查表

生长情况				立地条件			光照条件		
胸径/cm	枝下高/m	冠幅/m	长势	土壤			光照充足	半阴	阴
				壤土					
6~20	1.7~4	2~8	良好	干旱	湿润	一般	√		
					√	√			

(29)胡(核)桃楸。

1)性状:乔木,高达 20 余米;枝条扩展,树冠扁圆形;喜欢凉干燥气候,耐寒,能耐-40℃严寒。树皮灰色,具浅纵裂;幼枝被有短茸毛。奇数羽状复叶生于萌发条上者长可达 80 cm,叶柄长 9~14 cm,小叶 15~23 枚,长6~17 cm,宽 2~7 cm;生于孕性枝上者集生于枝端,长达 40~50 cm,叶柄长5~9 cm,基部膨大,叶柄及叶轴被有短柔毛或星芒状毛;小叶 9~17 枚,椭圆形至长椭圆形或卵状椭圆形至长椭圆状披针形,边缘具细锯齿,上面初被有稀疏短柔毛,后来除中脉外其余无毛,深绿色,下面色淡,被贴伏的短柔毛及星芒状毛;侧生小叶对生,无柄,先端渐尖,基部歪斜,截形至近于心脏形;顶生小叶基部楔形。雄性葇荑花序长 9~20 cm,花序轴被短柔毛。雄花具短花柄;苞片顶端钝,小苞片 2 枚位于苞片基部,花被片 1 枚位于顶端而与苞片重叠、2枚位于花的基部两侧;雄蕊 12 枚,稀 13 或 14 枚,花药长约 1 mm,黄色,药隔急尖或微凹,被灰黑色细柔毛。雌性穗状花序具 4~10 雌花,花序轴被有茸毛。雌花长 5~6 mm,被有茸毛,下端被腺质柔毛,花被片披针形或线状披针形,被柔毛,柱头鲜红色,背面被贴伏的柔毛。果序长 10~15 cm,俯垂,通常具5～7果实,序轴被短柔毛。果实球状、卵状或椭圆状,顶端尖,密被腺质短柔毛,长3.5～7.5 cm,径3～5 cm;果核长2.5～5 cm,表面具8条纵棱,其中两条较显著,各棱间具不规则皱曲及凹穴,顶端具尖头;内果皮壁内具多数不规则空隙,隔膜内亦具2空隙。花期5月,果期8—9月。

2)园林用途:树干通直,树冠扁圆形,枝叶繁茂,可作为庭荫树,行道树。孤植、丛植于草坪,或列植于路边均可。枝叶优美,多用于公园孤植、群植。

胡桃楸生长情况调查见表5－30。

表5－30　胡桃楸生长情况调查表

生长情况				立地条件			光照条件		
胸径/cm	枝下高/m	冠幅/m	长势	土壤			光照充足	半阴	阴
				壤土					
				干旱	湿润	一般			
8～25	1.5～2.5	2.5～12	良好		√	√	√		

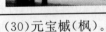

(30)元宝槭(枫)。

1)性状:落叶乔木,高8～10 m。树皮灰褐色或深褐色,深纵裂。幼苗幼树耐荫性较强,大树耐侧方遮阴,在混交林中常为下层林木。根系发达,抗风力较强,喜深厚肥沃土壤,在酸性、中性、钙质土上均能生长。对二氧化硫、氟化氢的抗性较强,具有较强的吸附粉尘能力。小枝无毛,当年生枝绿色,多年生枝灰褐色,具圆形皮孔。冬芽小,卵圆形;鳞片锐尖,外侧微被短柔毛。叶纸质,长5～10 cm,宽8～12 cm,常5裂,稀7裂,基部截形稀近于心脏形;裂片三角卵形或披针形,先端锐尖或尾状锐尖,边缘全缘,长3～5 cm,宽1.5～2 cm,有时中央裂片的上段再3裂;裂片间的凹缺锐尖或钝尖,上面深绿色,无毛,下面淡绿色,嫩时脉腋被丛毛,其余部分无毛,渐老全部无毛;主脉5

条,在上面显著,在下面微凸起;侧脉在上面微显著,在下面显著;叶柄长3～5 cm,稀达9 cm,无毛,稀嫩时顶端被短柔毛。花黄绿色,杂性,雄花与两性花同株,常成无毛的伞房花序,长约5 cm,直径约8 cm;总花梗长1～2 cm;萼片5,黄绿色,长圆形,先端钝形,长4～5 mm;花瓣5,淡黄色或淡白色,长圆倒卵形,长5～7 mm;雄蕊8枚,生于雄花者长2～3 mm,生于两性花者较短,着生于花盘的内缘,花药黄色,花丝无毛;花盘微裂;子房嫩时有黏性,无毛,花柱短,仅长约1 mm,无毛,2裂,柱头反卷,微弯曲;花梗细瘦,长约1 cm,无毛。翅果嫩时淡绿色,成熟时淡黄色或淡褐色,常成下垂的伞房果序;小坚果压扁状,长1.3～1.8 cm,宽约1～1.2 cm;翅长圆形,两侧平行,宽约8 mm,常与小坚果等长,稀稍长,张开成锐角或钝角。花期4月,果期8月。

2)园林用途:行道、庭院和风景区绿化的树种。其树形优美,枝叶浓密,秋季叶变色早,且持续时间长,多变为黄色、橙色及红色,园林片栽或山地丛植,是优良的观叶树种。在城市绿化中,适于建筑物附近、庭院及绿地内散植;在郊野公园利用坡地片植,也会收到较好的效果。

元宝槭生长情况调查见表5-31。

表5-31 元宝槭生长情况调查表

生长情况				立地条件			光照条件		
胸径/cm	枝下高/m	冠幅/m	长势	土壤			光照充足	半阴	阴
				壤土					
6～10	1～1.8	3.5～4	良好	干旱	湿润	一般	√		
						√			

(31)茶条槭。

1)性状:落叶乔木,高10～12 m;树皮灰褐色,纵裂。芽阔卵形或圆锥形,被棕色柔毛或腺毛。小枝黄褐色,粗糙,无毛或疏被长柔毛,旋即秃净,皮孔小,不明显。羽状复叶长15～25 cm;叶柄长4～6 cm,基部不增厚;叶轴挺直,上面具浅沟,初时疏被柔毛,旋即秃净;小叶 5～7 枚,硬纸质,卵形、倒卵状长圆形至披针形,长 3～10 cm,宽 2～4 cm,顶生小叶与侧生小叶近等大或稍大,先端锐尖至渐尖,基部钝圆或楔形,叶缘具整齐锯齿,上面无毛,下面无毛或有时沿中脉两侧被白色长柔毛,中脉在上面平坦,侧脉 8～10 对,下面凸起,细脉在两面凸起,明显网结;小叶柄长 3～5 mm。圆锥花序顶生或腋生枝梢,长8～10 cm;花序梗长 2～4 cm,无毛或被细柔毛,光滑,无皮孔;花雌雄异株;雄花密集,花萼小,钟状,长约 1 mm,无花冠,花药与花丝近等长;雌花疏离,花萼大,桶状,长 2～3 mm,4 浅裂,花柱细长,柱头 2 裂。翅果匙形,长3～4 cm,宽 4～6 mm,上中部最宽,先端锐尖,常呈犁头状,基部渐狭,翅平展,下延至坚果中部,坚果圆柱形,长约 1.5 cm;宿存萼紧贴于坚果基部,常在一侧开口深裂。花期 4—5 月,果期 7—9 月。

2)园林用途:耐寒、耐半阴,在烈日下树皮易受灼害;也喜温暖;喜深厚而排水良好的沙质壤土。幼果泛红,秋季叶红,宜成片密植形成壮丽的秋季景观。或孤植、列植、群植,或修剪成绿篱和整形树。

茶条槭生长情况调查见表 5 - 32。

表 5 - 32 茶条槭生长情况调查表

生长情况				立地条件			光照条件		
				土壤			光照充足	半阴	阴
胸径/cm	枝下高/m	冠幅/m	长势	壤土,无大块砾石					
5～7	1.3～1.7	2.5～3.5	良好	干旱	湿润	一般	√		
						√			

(32)水曲柳。

1)性状:落叶大乔木,高达 30 m 以上,胸径达 2 m;树皮厚,灰褐色,纵裂。冬芽大,圆锥形,黑褐色,芽鳞外侧平滑,无毛,在边缘和内侧被褐色曲柔毛。小枝粗壮,黄褐色至灰褐色,四棱形,节膨大,光滑无毛,散生圆形明显凸起的小皮孔;叶痕节状隆起,半圆形。羽状复叶,长 25～35(40) cm;叶柄长

6～8 cm,近基部膨大,干后变黑褐色;叶轴上面具平坦的阔沟,沟棱有时呈窄翅状,小叶着生处具关节,节上簇生黄褐色曲柔毛或秃净;小叶 7～11(13)枚,纸质,长圆形至卵状长圆形,长 5～20 cm,宽 2～5 cm,先端渐尖或尾尖,基部楔形至钝圆,稍歪斜,叶缘具细锯齿,上面暗绿色,无毛或疏被白色硬毛,下面黄绿色,沿脉被黄色曲柔毛,至少在中脉基部簇生密集的曲柔毛,中脉在上面凹入,下面凸起,侧脉 10～15 对,细脉甚细,在下面明显网结;小叶近无柄。圆锥花序生于去年生枝上,先叶开放,长 15～20 cm;花序梗与分枝具窄翅状锐棱;雄花与两性花异株,均无花冠,也无花萼;雄花序紧密,花梗细而短,长3～5 mm,雄蕊 2 枚,花药椭圆形,花丝甚短,开花时迅速伸长;两性花序稍松散,花梗细而长,两侧常着生 2 枚甚小的雄蕊,子房扁而宽,花柱短,柱头 2 裂。翅果大而扁,长圆形至倒卵状披针形,长 3～3.5(4) cm,宽 6～9 mm,中部最宽,先端钝圆、截形或微凹,翅下延至坚果基部,明显扭曲,脉棱凸起。花期 4月,果期 8—9 月。

　　2)园林用途:喜光,耐寒,喜肥沃湿润土壤,生长快,抗风力强,耐水湿,适应性强,较耐盐碱,在湿润、肥沃、土层深厚的土壤上生长旺盛。树姿美观,花香浓郁。可作公园、庭院及行道树种。

　　水曲柳生长情况调查见表 5-33。

表 5-33　水曲柳生长情况调查表

生长情况				立地条件			光照条件		
胸径/cm	枝下高/m	冠幅/m	长势	土壤			光照充足	半阴	阴
				壤土					
8～15	1.5～2	2.5～5	良好	干旱	湿润	一般	√		
					√				

(33)黄檗。

1)性状:树高 10～20 m,大树高达 30 m,胸径约 1 m。适应性强,喜阳光,耐严寒,宜于平原或低丘陵坡地、路旁、住宅旁及溪河附近水土较好的地方种植。枝扩展,成年树的树皮有厚木栓层,浅灰或灰褐色,深沟状或不规则网状开裂,内皮薄,鲜黄色,味苦,黏质,小枝暗紫红色,无毛。叶轴及叶柄均纤细,有小叶 5～13 片,小叶薄纸质或纸质,卵状披针形或卵形,长 6～12 cm,宽 2.5～4.5 cm,顶部长渐尖,基部阔楔形,一侧斜尖,或为圆形,叶缘有细钝齿和缘毛,叶面无毛或中脉有疏短毛,叶背仅基部中脉两侧密被长柔毛,秋季落叶前叶色由绿转黄而明亮,毛被大多脱落。花序顶生;萼片细小,阔卵形,长约 1 mm;花瓣紫绿色,长 3～4 mm;雄花的雄蕊比花瓣长,退化雌蕊短小。果圆球形,径约 1 cm,蓝黑色,通常有 5～8(10)浅纵沟,干后较明显;种子通常 5 粒。花期 5—6 月,果期 9—10 月。

2)园林用途:枝叶优美、皮软,多用于公园孤植、群植。树冠宽阔,秋季叶黄,干皮厚软,可植为庭荫树或片植成林,特别适合老人和儿童活动场地种植。

黄檗生长情况调查见表 5-34。

表 5-34　黄檗生长情况调查表

生长情况				立地条件			光照条件		
				土壤					
胸径/cm	枝下高/m	冠幅/m	长势	壤土			光照充足	半阴	阴
				干旱	湿润	一般			
12～20	1.8～3	5～8	良好		√	√	√	√	

(34)山杏。

1)性状:灌木或小乔木,高 2～5 m;山杏适应性强,喜光,根系发达,深入地下,具有耐寒、耐旱、耐瘠薄的特点。在 -30～-40℃ 的低温下能安全越冬生长。在 7—8 月干旱季节,当土壤含水率仅达 3‰～5‰ 时,山杏却叶色浓绿,生长正常。耐烟尘、毒气。树皮暗灰色;小枝无毛,稀幼时疏生短柔毛,灰褐色或淡红褐色。叶片卵形或近圆形,长(3)5～10 cm,宽(2.5)4～7 cm,先端长渐尖至尾尖,基部圆形至近心形,叶边有细钝锯齿,两面无毛,稀下面脉腋间具短柔毛;叶柄长 2～3.5 cm,无毛,有或无小腺体。花单生,直径 1.5～2 cm,先于叶开放;花梗长 1～2 mm;花萼紫红色;萼筒钟形,基部微被短柔毛或无毛;萼片长圆状椭圆形,先端尖,花后反折;花瓣近圆形或倒卵形,白色或粉红色;雄蕊几与花瓣近等长;子房被短柔毛。果实扁球形,直径 1.5～2.5 cm,黄色或橘红色,有时具红晕,被短柔毛;果肉较薄而干燥,成熟时开裂,味酸涩不可食,成熟时沿腹缝线开裂;核扁球形,易与果肉分离,两侧扁,顶端圆形,基部一侧偏斜,不对称,表面较平滑,腹面宽而锐利;种仁味苦。花期 3—4 月,果期6—7 月。

2)园林用途:早春开花,群植可以形成壮观的花景。花后枝叶浓密,遮阳效果好,是优良的庭院景观乔木。但由于分枝点低,不宜作为城市行道树。可用于工矿区绿化、荒山绿化,亦可在公园中片植。

山杏生长情况调查见表 5-35。

表 5-35　乡土树种山杏生长情况调查表

生长情况				立地条件			光照条件		
胸径/cm	枝下高/m	冠幅/m	长势	土壤			光照充足	半阴	阴
				壤土					
6～20	1～1.5	2.5～6	良好	干旱	湿润	一般	√		
					√	√			

(35)山桃。

1)性状:喜光,耐寒,对土壤适应性强,耐干旱、瘠薄,怕涝。乔木,高可达10 m;树冠开展,树皮暗紫色,光滑;小枝细长,直立,幼时无毛,老时褐色。叶片卵状披针形,长5~13 cm,宽1.5~4 cm,先端渐尖,基部楔形,两面无毛,叶边具细锐锯齿;叶柄长1~2 cm,无毛,常具腺体。花单生,先于叶开放,直径2~3 cm;花梗极短或几无梗;花萼无毛;萼筒钟形;萼片卵形至卵状长圆形,紫色,先端圆钝;花瓣倒卵形或近圆形,长10~15 mm,宽8~12 mm,粉红色,先端圆钝,稀微凹;雄蕊多数,几与花瓣等长或稍短;子房被柔毛,花柱长于雄蕊或近等长。果实近球形,直径2.5~3.5 cm,淡黄色,外面密被短柔毛,果梗短而深入果洼;果肉薄而干,不可食,成熟时不开裂;核球形或近球形,两侧不压扁,顶端圆钝,基部截形,表面具纵、横沟纹和孔穴,与果肉分离。花期3—4月,果期7—8月。

2)园林用途:山桃花期早,开花时美丽可观,并有曲枝、白花、柱形等变异类型。园林中宜成片植于山坡并以苍松翠柏为背景,方可充分显示其娇艳之美。在庭院、草坪、水际、林缘、建筑物前零星栽植也很合适。山桃在园林绿化中的用途广泛,绿化效果非常好,深受人们的喜爱。山桃的移栽成活率极高,恢复速度快。

山桃生长情况调查见表5-36。

表5-36 乡土树种山桃生长情况调查表

生长情况				立地条件			光照条件		
胸径/cm	枝下高/m	冠幅/m	长势	土壤			光照充足	半阴	阴
				壤土					
				干旱	湿润	一般			
7~10	1.3~1.5	3.5~4.5	良好		√		√	√	

(36)白杜(桃叶卫矛)。

1)性状:小乔木,高达6 m。叶卵状椭圆形、卵圆形或窄椭圆形,长4~

8 cm,宽 2～5 cm,先端长渐尖,基部阔楔形或近圆形,边缘具细锯齿,有时极深而锐利;叶柄通常细长,常为叶片的 1/4～1/3,但有时较短。聚伞花序 3 至多花,花序梗略扁,长 1～2 cm;花 4 数,淡白绿色或黄绿色,直径约 8 mm;小花梗长 2.5～4 mm;雄蕊花药紫红色,花丝细长,长 1～2 mm。蒴果倒圆心状,4 浅裂,长 6～8 mm,直径 9～10 mm,成熟后果皮粉红色;种子长椭圆状,长 5～6 mm,直径约 4 mm,种皮棕黄色,假种皮橙红色,全包种子,成熟后顶端常有小口。花期 5—6 月,果期 9 月。喜光、耐寒、耐旱、稍耐阴,也耐水湿;为深根性植物,根萌蘖力强,生长较慢。对土壤要求不严,中性土和微酸性土均能适应,最适宜栽植在肥沃、湿润的土壤中。对气候的适应性强,对氯气、氟化氢和二氧化硫有较强的吸收能力,对粉尘也有很强的吸滞能力。

2)园林用途:树冠卵形或卵圆形,枝叶秀丽,入秋蒴果粉红色,果实有突出的四棱角,开裂后露出橘红色假种皮,在树上悬挂长达两个月之久,引来鸟雀成群,很具观赏价值,是园林绿地的优美观赏树种。园林中无论孤植,还是栽于行道,皆有风韵。它对二氧化硫和氯气等有害气体抗性较强,宜植于林缘、草坪、路旁、湖边及溪畔,也可用做防护林或工厂绿化树种。

白杜生长情况调查见表 5-37。

表 5-37　白杜生长情况调查表

生长情况				立地条件			光照条件		
胸径/cm	枝下高/m	冠幅/m	长势	土壤			光照充足	半阴	阴
				壤土					
				干旱	湿润	一般			
3～12	0.5～1.6	2～3.5	良好	√		√	√		

(37)合欢。

1)性状:落叶乔木,高可达 16 m,树冠开展;小枝有棱角,嫩枝、花序和叶轴被绒毛或短柔毛。托叶线状披针形,较小叶小,早落。二回羽状复叶,总叶柄近基部及最顶一对羽片着生处各有 1 枚腺体;羽片 4~12 对,栽培的有时达 20 对;小叶 10~30 对,线形至长圆形,长 6~12 mm,宽 1~4 mm,向上偏斜,先端有小尖头,有缘毛,有时在下面或仅中脉上有短柔毛;中脉紧靠上边缘。头状花序于枝顶排成圆锥花序;花粉红色;花萼管状,长约 3 mm;花冠长约 8 mm,裂片三角形,长约 1.5 mm,花萼、花冠外均被短柔毛;花丝长约 2.5 cm。荚果带状,长 9~15 cm,宽 1.5~2.5 cm,嫩荚有柔毛,老荚无毛。花期 6—7 月;果期 8—10 月。喜光,较耐寒,耐干旱瘠薄和沙质土壤,不耐水湿。耐盐碱程度:良。

2)园林用途:本种生长迅速,能耐沙质土及干燥气候,开花如绒簇,十分可爱,常植为城市行道树、观赏树。

合欢生长情况调查见表 5-38。

表 5-38 合欢生长情况调查表

生长情况				立地条件			光照条件		
				土壤					
胸径/cm	枝下高/m	冠幅/m	长势	壤土			光照充足	半阴	阴
				干旱	湿润	一般			
5~12	1.6~2.5	3.5~6	良好	√			√		

(38)金叶榆。

1)性状:榆科,榆属,系白榆变种。叶片金黄色,有自然光泽,色泽艳丽;叶脉清晰,质感好;叶卵圆形,平均长 3～5 cm,宽 2～3 cm,比普通白榆叶片稍短;叶缘具锯齿,叶尖渐尖,互生于枝条上。金叶榆的枝条萌生力很强,一般当枝条上长出十几个叶片时,腋芽便萌发长出新枝,因此金叶榆的枝条比普通白榆更密集,树冠更丰满,造型更丰富。对寒冷、干旱气候具有极强的适应性,抗逆性强,可耐－36℃的低温,同时有很强的抗盐碱性。

2)园林用途:金叶榆是新开发出的宝贵彩叶植物,可密植作地被,可修剪成球,亦可用作乔木或点缀或片植于绿树丛中,嫩黄绿的色叶能够为人们带来耳目一新的体验。

金叶榆生长情况调查见表 5 - 39。

表 5 - 39　金叶榆生长情况调查表

植物描述				立地条件			光照条件		
胸径/cm	蓬径/cm	修剪与否	长势	土壤			光照充足	半阴	阴
				壤土,无大块砾石					
25～60	15～25	修剪	良好	干旱	湿润	一般	√		
				√		√			

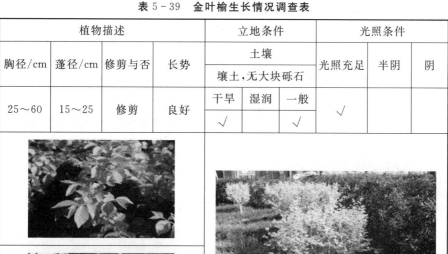

(39)馒头柳。

1)性状:乔木,高达 18 m,胸径达 80 cm。大枝斜上,树冠广圆形;树皮暗灰黑色,有裂沟;枝细长,直立或斜展,浅褐黄色或带绿色,后变褐色,无毛,幼枝有毛。芽微有短柔毛。叶披针形,长 5～10 cm,宽 1～1.5 cm,先端长渐尖,基部窄圆形或楔形,上面绿色,无毛,有光泽,下面苍白色或带白色,有细腺锯齿缘,幼叶有丝状柔毛;叶柄短,长 5～8 mm,在上面有长柔毛;托叶披针形或缺,边缘有细腺锯齿。花序与叶同时开放;雄花序圆柱形,长 1.5～2.5(3) cm,粗 6～8 mm,多少有花序梗,轴有长毛;雄蕊 2 枚,花丝基部有长毛,花药卵形,黄色;苞片卵形,黄绿色,先端钝,基部多少有短柔毛;腺体 2;雌花序较雄花序短,长达 2 cm,粗约 4 mm,有 3～5 小叶生于短花序梗上,轴有长毛;子房长椭圆形,近无柄,无毛,无花柱或很短,柱头卵形,近圆裂;苞片同雄花;腺体 2,背生和腹生。果序长达 2(2.5) cm。花期 4 月,果期 4—5 月。

2)园林用途:馒头柳是旱柳的变形,耐寒,耐盐碱。分枝密,端稍整齐,树冠半圆形,状如馒头,喜光,耐寒,耐旱,耐水湿,耐修剪,适宜性强,遮阴效果好。馒头柳枝条柔软,树冠丰满,常用作庭荫树、行道树,亦用作公路树、防护林及沙荒造林。可孤植、丛植及列植。

馒头柳生长情况调查见表 5-40。

表 5-40　馒头柳生长情况调查表

生长情况				立地条件			光照条件		
胸径/cm	枝下高/m	冠幅/m	长势	土壤			光照充足	半阴	阴
				壤土					
				干旱	湿润	一般			
10～20	1～2	5～7	良好		√	√	√		

(40)金叶垂榆。

1)性状:乔木,系白榆变种。单叶互生,椭圆状窄卵形或椭圆状披针形,长 2～9 cm,基部偏斜,叶缘具单锯齿。叶片金黄鲜亮,有自然光泽,格外醒目。枝条柔软、细长下垂、生长快、自然造型好、树冠丰满,花先叶开放。喜光,抗干旱、耐盐碱、耐土壤瘠薄,耐修剪,耐旱,耐寒,－35℃无冻梢。不耐水湿。根系发达,对有害气体有较强的抗性。耐盐碱程度:良。

2)园林用途:树干通直,枝条下垂,细长柔软,树冠呈圆形蓬松,形态优美,又能修剪成球,适合作庭院观赏、公路、道路行道树绿化,还可作绿篱使用,是园林绿化栽植的优良观赏树种。

金叶垂榆生长情况调查见表 5-41。

表 5-41　金叶垂榆生长情况调查表

生长情况				立地条件			光照条件		
胸径/cm	枝下高/m	冠幅/m	长势	土壤			光照充足	半阴	阴
				壤土					
10~18	1~2	4.5~6	良好	干旱	湿润	一般	√		
					√	√			

(41)法桐。

1)性状:落叶大乔木,高达 30 m,树皮薄片状脱落;嫩枝被黄褐色绒毛,老枝秃净,干后红褐色,有细小皮孔。叶大,轮廓阔卵形,宽 9~18 cm,长 8~16 cm,基部浅三角状心形,或近于平截,上部掌状 5~7 裂,稀为 3 裂,中央裂片深裂过半,长 7~9 cm,宽 4~6 cm,两侧裂片稍短,边缘有少数裂片状粗齿,上下两面初时被灰黄色毛,以后脱落,仅在背脉上有毛,掌状脉 5 条或 3 条,从基部发出;叶柄长 3~8 cm,圆柱形,被绒毛,基部膨大;托叶小,短于 1 cm,基部鞘状。花 4 数;雄性球状花序无柄,基部有长绒毛,萼片短小,雄蕊远比花瓣为长,花丝极短,花药伸长,顶端盾片稍扩大;雌性球状花序常有柄,萼片被毛,花瓣倒披针形,心皮 4 个,花柱伸长,先端卷曲。果枝长 10~15 cm,有圆球形头状果序 3～5 个,稀为 2 个;头状果序直径 2～2.5 cm,宿存花柱突出呈刺状,长 3～4 mm,小坚果之间有黄色绒毛,突出头状果序外。

2)园林用途:树形雄伟端庄,叶大荫浓,干皮光滑,适应性强,各地广为栽培。耐修剪整形,是优良的行道树种,广泛应用于城市绿化,在园林中孤植于草坪或旷地,列植于甬道两旁,尤为雄伟壮观。又因其对多种有毒气体抗性较强,并能吸收有害气体,对夏季降温、滞尘、降噪音,提高空气相对湿度,调节二氧化碳与氧气的平衡,改进大气质量效果显著。作为街坊、厂矿绿化颇为合适。

法桐生长情况调查见表 5-42。

表 5-42　法桐生长情况调查表

生长情况				立地条件			光照条件		
胸径/cm	枝下高/m	冠幅/m	长势	土壤			光照充足	半阴	阴
				壤土					
				干旱	湿润	一般			
12～35	1.5～2.5	5～7	良好	√		√	√	√	

(42)香花槐。

1)性状:落叶乔木,整株高 10～12 m,树干为褐色至灰褐色。叶互生,7～19 片组成羽状复叶,叶椭圆形至卵状长圆形,长 3～6 cm,比刺槐叶大。叶片美观对称,深绿色,有光泽。密生成总状花序,作下垂状。花被红色,有浓郁的芳香气味,可以同时盛开小红花 200~500 朵。无荚果,不结种子。主、侧根发达,萌芽性强。生长快,当年可达 2 m,第 2 年 3~4 m,开始开花。花期 5月、7 月或连续开花,花期长。性耐寒,能抵抗 −25~−28℃ 低温。耐干旱瘠薄,对土壤要求不严,酸性土、中性土及轻碱地均能生长。对城市不良环境有抗性;抗病力强。

2)园林用途:香花槐自然生长,树冠开展,树形优美,无须修剪。香花槐生长迅速,开花早,一般栽后第 2 年开花。与刺槐接近,两者的差异主要表现为花色不同。

香花槐生长情况调查见表 5−43。

表 5−43 香花槐生长情况调查表

生长情况				立地条件			光照条件		
胸径/cm	枝下高/m	冠幅/m	长势	土壤			光照充足	半阴	阴
				壤土					
7~20	0.5~2.5	4~7.5	良好	干旱	湿润	一般	√		
						√			

(43)泡桐。

1)性状:乔木,高达 30 m,树冠圆锥形,主干直,胸径可达 2 m,树皮灰褐色;幼枝、叶、花序各部和幼果均被黄褐色星状绒毛,但叶柄、叶片上面和花梗渐变无毛。叶片长卵状心脏形,有时为卵状心脏形,长达 20 cm,顶端长渐尖或锐尖头,其凸尖长达 2 cm,新枝上的叶有时 2 裂,下面有星毛及腺,成熟叶片下面密被绒毛,有时毛很稀疏至近无毛;叶柄长达 12 cm。花序枝几无或仅有短侧枝,故花序狭长几成圆柱形,长约 25 cm,小聚伞花序有花 3~8 朵,总花梗几与花梗等长,或下部者长于花梗,上部者略短于花梗;萼倒圆锥形,长2~2.5 cm,花后逐渐脱毛,分裂至 1/4 或 1/3 处,萼齿卵圆形至三角状卵圆形,至果期变为狭三角形;花冠管状漏斗形,白色仅背面稍带紫色或浅紫色,长8~12 cm,管部在基部以上不突然膨大,而逐渐向上扩大,稍稍向前曲,外面有星状毛,腹部无明显纵褶,内部密布紫色细斑块;雄蕊长 3~3.5 cm,有疏腺;子房有腺,有时具星毛,花柱长约 5.5 cm。蒴果长圆形或长圆状椭圆形,长6~10 cm,顶端之喙长达 6 mm,宿萼开展或漏斗状,果皮木质,厚 3~6 mm;种子连翅长 6~10 mm。花期 3—4 月,果期 7—8 月。

2)园林用途:喜光,较耐阴,喜温暖气候,耐寒性不强,对黏重瘠薄土壤有较强适应性。幼年生长极快,是速生树种。树干直,生长快,适应性较强。树姿优美,花色美丽鲜艳,并有较强的净化空气和抗大气污染的能力,是城市和工矿区绿化的好树种。

泡桐生长情况调查见表 5-44。

表 5-44　泡桐生长情况调查表

生长情况				立地条件			光照条件		
胸径/cm	枝下高/m	冠幅/m	长势	土壤			光照充足	半阴	阴
				壤土					
				干旱	湿润	一般			
12~25	1.5~2	3.5~5	良好	√		√		√	√

(44)长枝榆。

1)性状:长枝榆是由白榆做砧木,嫁接而成的新疆特有树种,嫁接点要求1.8 m。其树干通直,高 4~10 m,树冠浓绿开阔呈伞状。树皮比其他榆品种细致光滑,成龄后呈条纹状纵裂。栽植 21 年生的农田防护林带,平均高约 21 m,胸径约 25.6 cm;定植城市 9 年的行道树平均高约 8 m(经过二次修顶枝),平均胸径约 14.8 cm,树冠约 5.8 m;散生姚氏苗圃 13 年的树高约 13 m,平均胸径约 15 cm,冠幅约 4.5 m。喜阳光,耐寒,耐干旱,抗高温、风沙。可度过夏季绝对最高气温达 45 ℃,冬季绝对最低温度-40 ℃,在年降水量 200 mm 左右的气候环境下,能健旺生长。对土壤条件要求不严,适应能力强。在立地条件较优越、深厚肥沃、水源充足的土壤中,生长格外迅速。该树是深根性、寿命长的速生树种,返青早、翅果脱落集中,落叶早,时间短,污染小,抗病虫害能力强,病虫害发生率低,逐步成为城市绿化优良树种之一。

2)园林用途:优良的行道树,亦可与其他园林植物搭配造景,是不错的景观树。

长枝榆生长情况调查见表 5 - 45。

表 5 - 45　长枝榆生长情况调查表

生长情况				立地条件			光照条件		
胸径/cm	枝下高/m	冠幅/m	长势	土壤			光照充足	半阴	阴
				壤土					
10～25	1.5～3	6～10	良好	干旱	湿润	一般	√		
				√		√			

(45)大叶白蜡。

1)性状:落叶乔木,高 10～12 m;树皮灰褐色,纵裂。芽阔卵形或圆锥形,被棕色柔毛或腺毛。小枝黄褐色,粗糙,无毛或疏被长柔毛,旋即秃净,皮孔小,不明显。羽状复叶长 15~25 cm;叶柄长 4~6 cm,基部不增厚;叶轴挺直,上面具浅沟,初时疏被柔毛,旋即秃净;小叶 5~7 枚,硬纸质,卵形、倒卵状长圆形至披针形,长 3~10 cm,宽 2~4 cm,顶生小叶与侧生小叶近等大或稍大,先端锐尖至渐尖,基部钝圆或楔形,叶缘具整齐锯齿,上面无毛,下面无毛或有时沿中脉两侧被白色长柔毛,中脉在上面平坦,侧脉 8~10 对,下面凸起,细脉在两面凸起,明显网结;小叶柄长 3~5 mm。圆锥花序顶生或腋生枝梢,长 8~10 cm;花序梗长 2~4 cm,无毛或被细柔毛,光滑,无皮孔;花雌雄异株;雄花密集,花萼小,钟状,长约 1 mm,无花冠,花药与花丝近等长;雌花疏离,花萼大,桶状,长 2~3 mm,4 浅裂,花柱细长,柱头 2 裂。翅果匙形,长 3~4 cm,宽 4~6 mm,上中部最宽,先端锐尖,常呈犁头状,基部渐狭,翅平展,下延至坚果中部,坚果圆柱形,长约 1.5 cm;宿存萼紧贴于坚果基部,常在一侧开口深裂。花期 4—5 月,果期 7—9 月。喜光,耐寒。对土壤要求不严。耐盐碱程度:优。

2)园林用途:该树种形体端正,树干通直,枝叶繁茂而鲜绿,秋叶橙黄,是优良的行道树、庭院树、公园树和遮阴树。被广泛用于新疆大部分城镇。

大叶白蜡生长情况调查见表 5-46。

表 5-46　大叶白蜡生长情况调查表

生长情况				立地条件			光照条件		
胸径/cm	枝下高/m	冠幅/m	长势	土壤			光照充足	半阴	阴
				壤土,无大块砾石					
10~25	1.8~2.5	5~10	良好	干旱	湿润	一般	√		
						√			

(46)小叶白蜡。

1)性状:落叶小乔木或灌木,高 2～5 m;树皮暗灰色,浅裂。顶芽黑色,圆锥形,侧芽阔卵形,内侧密被棕色曲柔毛和腺毛。当年生枝淡黄色,密被短绒毛,渐秃净,去年生枝灰白色,被稀疏毛或无毛,皮孔细小,椭圆形,褐色。羽状复叶长 5～15 cm;叶柄长 2.5～4.5 cm,基部增厚;叶轴直,上面具窄沟,被细绒毛;小叶 5～7 枚,硬纸质,阔卵形,菱形至卵状披针形,长 2～5 cm,宽1.5～3 cm,顶生小叶与侧生小叶几等大,先端尾尖,基部阔楔形,叶缘具深锯齿至缺裂状,两面均光滑无毛,中脉在两面凸起,侧脉 4～6 对,细脉明显网结;小叶柄短,长 0.2～1.5 cm,被柔毛。圆锥花序顶生或腋生枝梢,长 5～9 cm,疏被绒毛;花序梗扁平,长约 1.5 cm,被细绒毛,渐秃净;花梗细,长约 3 mm;雄花花萼小,杯状,萼齿尖三角形,花冠白色至淡黄色,裂片线形,长4～6 mm,雄蕊与裂片近等长,花药小,椭圆形,花丝细;两性花花萼较大,萼齿锥尖,花冠裂片长达 8 mm,雄蕊明显短,雌蕊具短花柱,柱头 2 浅裂。翅果匙状长圆形,长2～3 cm,宽 3～5 mm,上中部最宽,先端急尖、钝圆或微凹,翅下延至坚果中下部,坚果长约 1 cm,略扁;花萼宿存。花期 5 月,果期 8—9 月。

2)园林用途:适应性强,抗寒,耐大气干旱,较耐盐碱,根系发达,抗风力强,与新疆杨或黑杨混交的 2～4 行农田防护林带,防风范围可达树高的 35倍,可使风速降低 37.6%。

小叶白蜡生长情况调查见表 5-47。

表 5-47　小叶白蜡生长情况调查表

生长情况				立地条件			光照条件		
胸径/cm	枝下高/m	冠幅/m	长势	土壤			光照充足	半阴	阴
				壤土					
10～20	1～2	3～5	良好	干旱	湿润	一般	√		
				√		√			

(47)杨树。

1)性状：杨树是散生在北半球温带和寒温带的森林树种，是世界上分布最广、适应性最强的树种。乔木，树干通常端直；树皮光滑或纵裂，常为灰白色。有顶芽(胡杨无)，芽鳞多数，常有黏脂。枝有长(包括萌枝)短枝之分，圆柱状或具棱线。叶互生，多为卵圆形、卵圆状披针形或三角状卵形，在不同的枝(如长枝、短枝、萌枝)上常为不同的形状，齿状缘；叶柄长，侧扁或圆柱形，先端有或无腺点。葇荑花序下垂，常先叶开放；雄花序较雌花序稍早开放；苞片先端尖裂或条裂，膜质，早落，花盘斜杯状；雄花有雄蕊4至多枚，着生于花盘内，花药暗红色，花丝较短，离生；子房花柱短，柱头2～4裂。蒴果2～4(5)裂。种子小，多枚，子叶椭圆形。

2)园林用途：杨树可广泛用于生态防护林、三北防护林、农林防护林和工业用材林。杨树作为道路绿化、园林景观用，也是一个非常优秀的树种。其特点是高大雄伟、整齐标致、迅速成林、能防风沙，吸收废气。

杨树生长情况调查见表5-48。

表5-48　杨树生长情况调查表

生长情况				立地条件			光照条件		
胸径/cm	枝下高/m	冠幅/m	长势	土壤			光照充足	半阴	阴
				壤土					
				干旱	湿润	一般			
13～35	1.5～4.5	2～3.5	良好	√		√	√	√	

(48)刺槐。

1)性状：落叶乔木，高10～25 m；树皮灰褐色至黑褐色，浅裂至深纵裂，稀光滑。小枝灰褐色，幼时有棱脊，微被毛，后无毛；具托叶刺，长达2 cm；冬芽小,被毛。羽状复叶长 10～25(40) cm;叶轴上面具沟槽;小叶 2～12 对,常对生,椭圆形、长椭圆形或卵形,长 2～5 cm,宽 1.5～2.2 cm,先端圆,微凹,具小尖头,基部圆至阔楔形,全缘,上面绿色,下面灰绿色,幼时被短柔毛,后变无毛;小叶柄长 1～3 mm;小托叶针芒状。总状花序腋生,长 10～20 cm,下垂,花多数,芳香;苞片早落;花梗长 7～8 mm;花萼斜钟状,长 7～9 mm,萼齿 5,三角形至卵状三角形,密被柔毛;花冠白色,各瓣均具瓣柄,旗瓣近圆形,长约 16 mm,宽约 19 mm,先端凹缺,基部圆,反折,内有黄斑,翼瓣斜倒卵形,与旗瓣几等长,长约 16 mm,基部一侧具圆耳,龙骨瓣镰状,三角形,与翼瓣等长或稍短,前缘合生,先端钝尖;雄蕊二体,对旗瓣的 1 枚分离;子房线形,长约1.2 cm,无毛,柄长 2～3 mm,花柱钻形,长约 8 mm,上弯,顶端具毛,柱头顶生。荚果褐色,或具红褐色斑纹,线状长圆形,长 5～12 cm,宽 1～1.3(1.7) cm,扁平,先端上弯,具尖头,果颈短,沿腹缝线具狭翅;花萼宿存,有种子 2～15 粒;种子褐色至黑褐色,微具光泽,有时具斑纹,近肾形,长 5～6 mm,宽约 3 mm,种脐圆形,偏于一端。花期 4—6 月,果期 8—9 月。

2)园林用途:枝繁叶茂,遮阳效果突出,花香沁人心脾,是优良的园林树种,深受群众喜爱。多用于庭院绿化。

刺槐生长情况调查见表 5-49。

表 5-49　刺槐生长情况调查表

生长情况				立地条件			光照条件		
胸径/cm	枝下高/m	冠幅/m	长势	土壤			光照充足	半阴	阴
				壤土					
				干旱	湿润	一般			
7～20	1.5～2.5	4～7.5	良好			✓	✓		

(49)梭梭。

1)性状:小乔木,高 1～9 m,地径可达 50 cm。树皮灰白色,木材坚而脆;

老枝灰褐色或淡黄褐色,通常具环状裂隙;当年枝细长,斜升或弯垂,节间长4～12 mm,直径约 1.5 mm。叶鳞片状,宽三角形,稍开展,先端钝,腋间具棉毛。花着生于二年生枝条的侧生短枝上;小苞片舟状,宽卵形,与花被近等长,边缘膜质;花被片矩圆形,先端钝,背面先端之下 1/3 处生翅状附属物;翅状附属物肾形至近圆形,宽 5～8 mm,斜伸或平展,边缘波状或啮蚀状,基部心形至楔形;花被片在翅以上部分稍内曲并围抱果实;花盘不明显。胞果黄褐色,果皮不与种子贴生。种子黑色,直径约 2.5 mm;胚盘旋成上面平下面凸的陀螺状,暗绿色。花期 5—7 月,果期 9—10 月。

2)园林用途:梭梭抗旱、抗热、抗寒、耐盐碱性都很强,茎枝内盐分含量高达 15％左右,喜光,不耐庇荫,适应性强,生长迅速,枝条稠密,根系发达,防风固沙能力强,生于沙丘上、盐碱土荒漠、河边沙地等处。在沙漠地区常形成大面积纯林,有固定沙丘作用;木材可作燃料。

梭梭生长情况调查见表 5-50。

表 5-50　梭梭生长情况调查表

生长情况				立地条件			光照条件		
高度/m	蓬径/m	修剪与否	长势	土壤			光照充足	半阴	阴
				沙土					
1～2.5	1.5～3	未修剪	良好	干旱	湿润	一般	√		
				√					

(50)刺柏。

1)性状:乔木,高达 12 m;树皮褐色,纵裂成长条薄片脱落;枝条斜展或直展,树冠塔形或圆柱形;小枝下垂,三棱形。叶三叶轮生,条状披针形或条状刺形,长 1.2～2 cm,很少长达 3.2 cm,宽 1.2～2 mm,先端渐尖具锐尖头,上面稍凹,中脉微隆起,绿色,两侧各有 1 条白色、很少紫色或淡绿色的气孔带,气孔带较绿色边带稍宽,在叶的先端汇合为 1 条,下面绿色,有光泽,具纵钝脊,横切面新月形。雄球花圆球形或椭圆形,长 4~6 mm,药隔先端渐尖,背有纵脊。球果近球形或宽卵圆形,长 6~10 mm,径 6~9 mm,熟时淡红褐色,被白粉或白粉脱落,间或顶部微张开;种子半月圆形,具 3~4 棱脊,顶端尖,近基部有 3~4 个树脂槽。

2)园林用途:喜光,耐寒,耐旱,主侧根均甚发达,在干旱沙地、肥沃通透性土壤生长最好。向阳山坡以及岩石缝隙处均可生长,作为园林点缀树种最佳。刺柏小枝下垂,树形美观,在长江流域各大城市多作庭园树。也可作水土保持的造林树种。

刺柏生长情况调查见表 5-51。

表 5-51　刺柏生长情况调查表

生长情况				立地条件			光照条件		
胸径/cm	枝下高/m	冠幅/m	长势	土壤			光照充足	半阴	阴
				壤土					
				干旱	湿润	一般			
8~15	0.5~1	1.5~2.5	良好	√		√	√		

(51)千头椿。

1)性状:落叶乔木,高可达 20 余米,树皮平滑而有直纹;嫩枝有髓,幼时被黄色或黄褐色柔毛,后脱落。叶为奇数羽状复叶,长 40~60 cm,叶柄长 7~13 cm,有小叶 13~27;小叶对生或近对生,纸质,卵状披针形,长 7~13 cm,宽 2.5~4 cm,先端长渐尖,基部偏斜,截形或稍圆,两侧各具 1 或 2 个粗锯齿状,齿背有腺体 1 个,叶面深绿色,背面灰绿色,柔碎后具臭味。圆锥花序长

10～30 cm;花淡绿色,花梗长 1～2.5 mm;萼片 5,覆瓦状排列,裂片长 0.5～
1 mm;花瓣 5,长 2～2.5 mm,基部两侧被硬粗毛;雄蕊 10 枚,花丝基部密被
硬粗毛,雄花中的花丝长于花瓣,雌花中的花丝短于花瓣;花药长圆形,长约
1 mm;心皮 5,花柱黏合,柱头 5 裂。翅果长椭圆形,长 3～4.5 cm,宽
1～1.2 cm;种子位于翅的中间,扁圆形。花期 4—5 月,果期 8—10 月。

2)园林用途:千头椿是防风固沙、城镇绿化美化、生态建设的优良树种,其
枝叶繁茂,根系发达,生长迅速,耐旱、耐涝、耐寒、耐盐碱,抗风、抗病虫害,适
应性强,干形通直,树形美观。

千头椿生长情况调查见表 5-52。

表 5-52 千头椿生长情况调查表

生长情况				立地条件			光照条件		
胸径/cm	枝下高/m	冠幅/m	长势	土壤			光照充足	半阴	阴
				壤土					
6～13	1～2.5	2.5～5.5	良好	干旱	湿润	一般	√		
				√	√	√			

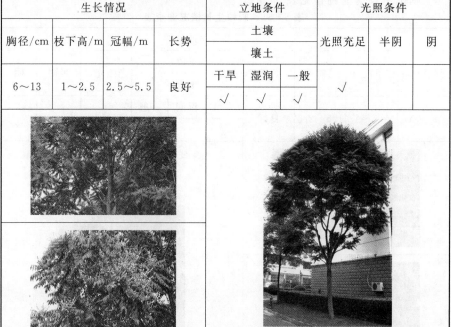

(52)胡桃。

1)性状:乔木,高达 20～25 m;树干较别的种类矮,树冠广阔,树皮幼时灰
绿色,老时则灰白色而纵向浅裂;小枝无毛,具光泽,被盾状着生的腺体,灰绿
色,后带褐色。奇数羽状复叶长 25～30 cm,叶柄及叶轴幼时被有极短腺毛及
腺体;小叶通常 5～9 枚,稀 3 枚,椭圆状卵形至长椭圆形,长 6～15 cm,宽 3～
6 cm,顶端钝圆或急尖、短渐尖,基部歪斜、近于圆形,边缘全缘或在幼树上者
具稀疏细锯齿,上面深绿色,无毛,下面淡绿色,侧脉 11～15 对,腋内具簇短柔

毛,侧生小叶具极短的小叶柄或近无柄,生于下端者较小,顶生小叶常具长 3～6 cm 的小叶柄。雄性葇荑花序下垂,长 5～10 cm,稀达 15 cm。雄花的苞片、小苞片及花被片均被腺毛;雄蕊 6～30 枚,花药黄色,无毛。雌性穗状花序通常具 1～3(4)雌花。雌花的总苞被极短腺毛,柱头浅绿色。果序短,杞俯垂,具 1～3 果实;果实近于球状,直径 4～6 cm,无毛;果核稍具皱曲,有 2 条纵棱,顶端具短尖头;隔膜较薄,内里无空隙;内果皮壁内具不规则的空隙或无空隙而仅具皱曲。花期 5 月,果期 10 月。

2)园林用途:叶大荫浓,且有清香,可用作庭荫树及行道树。

胡桃生长情况调查见表 5－53。

表 5－53　胡桃生长情况调查表

生长情况				立地条件			光照条件		
胸径/cm	枝下高/m	冠幅/m	长势	土壤			光照充足	半阴	阴
				壤土					
				干旱	湿润	一般	√	√	
8～15	1～2.5	3～5.5	良好			√			

(53)竹柳。

1)性状:竹柳是新的柳树杂交品种。乔木,生长潜力大。树皮幼时绿色,光滑。顶端优势明显,腋芽萌发力强,分枝较早,侧枝与主干夹角 30°～45°。树冠塔形,分枝均匀。叶披针形,单叶互生,叶片长达 15～22 cm,宽 3.5～6.2 cm,先端长渐尖,基部楔形,边缘有明显的细锯齿,叶片正面绿色,背面灰白色,叶柄微红、较短。竹柳喜光,耐寒性强,能耐－30℃的低温,在

7℃以上都可以生长,适宜生长温度为 15~25℃;喜水湿,不耐干旱,有良好的树形,对土壤要求不严,在 pH 值 5.0~8.5 的土壤或沙地、低湿河滩或弱盐碱地均能生长,但以肥沃、疏松、潮湿土壤最为适宜。根系发达,侧根和须根广布于各土层中,能起到良好的固土作用。

2)园林用途:竹柳用途广泛,是工业原料林、中小径材栽培、行道树、园林绿化和农田防护林的理想树种。

竹柳生长情况调查见表 5-54。

表 5-54　竹柳生长情况调查表

生长情况				立地条件			光照条件		
胸径/cm	枝下高/m	冠幅/m	长势	土壤 壤土			光照充足	半阴	阴
5~13	1~2.5	0.5~2	良好	干旱	湿润	一般	√		
					√	√			

(54)巨紫荆。

1)性状:落叶乔木或大乔木,自然生长的植株可高达 30 m、胸径达 30 cm以上,是近几年发现的极具观赏价值的优良乡土树种。巨紫荆叶互生,全缘,心形或近圆形,枝条柔软下垂,稠密飘逸。花萼紫红色,形似紫蝶,先花后叶。抗病虫害,耐盐碱,耐水湿,适宜在城市道路、河岸等各种环境下生长。

2)园林用途:适合绿地孤植、丛植,或与其他树木混植,也可作庭院树或行道树与常绿树配合种植,春花秋景红绿相映,景色非凡。

巨紫荆生长情况调查见表 5-55。

表 5-55　巨紫荆生长情况调查表

生长情况				立地条件			光照条件		
胸径/cm	枝下高/m	冠幅/m	长势	土壤			光照充足	半阴	阴
				壤土					
				干旱	湿润	一般			
8～15	1.5～3.5	2～5.5	良好		√		√		

(55)苦楝树。

1)性状:落叶乔木,高达 10 余米;树皮灰褐色,纵裂。分枝广展,小枝有叶痕。叶为 2～3 回奇数羽状复叶,长 20～40 cm;小叶对生,卵形、椭圆形至披针形,顶生一片通常略大,长 3～7 cm,宽 2～3 cm,先端短渐尖,基部楔形或宽楔形,多少偏斜,边缘有钝锯齿,幼时被星状毛,后两面均无毛,侧脉每边 12～16 条,广展,向上斜举。圆锥花序约与叶等长,无毛或幼时被鳞片状短柔毛;花芳香;花萼 5 深裂,裂片卵形或长圆状卵形,先端急尖,外面被微柔毛;花瓣淡紫色,倒卵状匙形,长约 1 cm,两面均被微柔毛,通常外面较密;雄蕊管紫色,无毛或近无毛,长 7～8 mm,有纵细脉,管口有钻形、2～3 齿裂的狭裂片 10 枚,花药 10 枚,着生于裂片内侧,且与裂片互生,长椭圆形,顶端微凸尖;子房近球形,5～6 室,无毛,每室有胚珠 2 颗,花柱细长,柱头头状,顶端具 5 齿,不伸出雄蕊管。核果球形至椭圆形,长 1～2 cm,宽 8～15 mm,内果皮木质,4～5 室,每室有种子 1 颗;种子椭圆形。花期 4—5 月,果期 10—12 月。

2)园林用途:苦楝树形潇洒,枝叶秀丽,花淡雅芳香,又耐烟尘、抗污染并能杀菌,故适宜作庭荫树、行道树、疗养林的树种,也是工厂绿化、四旁绿化的好树种。

苦楝树生长情况调查见表 5-56。

表 5-56 苦楝树生长情况调查表

生长情况				立地条件			光照条件		
胸径/cm	枝下高/m	冠幅/m	长势	土壤			光照充足	半阴	阴
				壤土					
				干旱	湿润	一般			
8~15	1.5~2.5	2.5~4.5	良好			√	√	√	

(56)碧桃。

1)性状:碧桃是蔷薇科桃属落叶植物桃的变种和培育品种。小乔木,高可达 8 m,一般整形后控制在 3~4 m。树冠宽广而平展,广卵形;树皮灰褐色,老时粗糙呈鳞片状;枝条多直立生长,小枝细长,嫩枝绿色或带红色,以后转为红褐色,无毛,平滑稍有光泽,具大量小皮孔;冬芽圆锥形,顶端钝,外被短柔毛,常 2~3 个簇生,中间为叶芽,两侧为花芽。单叶互生,椭圆状或披针形,长7~15 cm,宽 2~3.5 cm,先端渐尖,基部宽楔形,上面无毛,下面在脉腋间具少数短柔毛或无毛,叶边具细锯齿,齿端具腺体或无腺体;叶柄粗壮,长 1~2 cm,常具 1 至数枚腺体,有时无腺体。花单生或两朵生于叶腋,先于叶开放,直径 2.5~3.5 cm。花梗极短或几无梗;萼筒钟形,被短柔毛,稀几无毛,绿色而具红色斑点;萼片卵形至长圆形,顶端圆钝,外被短柔毛;花有单瓣、半重瓣和重瓣,花瓣长圆状椭圆形至宽倒卵形,花色有白、粉红、红和红白相间等色。雄蕊 20~30 枚,花药绯红色;花柱几与雄蕊等长或稍短;子房被短柔毛。春季先叶或与叶同时开放。果实形状和大小均有变异,卵形、宽椭圆形或扁圆形,直径(3)5~7(12) cm,长几与宽相等,色泽变化由淡绿色至橙黄色,常在向阳面具红晕,外面密被短柔毛,稀无毛,腹缝明显,果梗短而深入果注;果肉白色、浅绿白色、黄色、橙黄色或红色,多汁有香味,甜或酸甜;核大,离核或粘核,椭圆形或近圆形,两侧扁平,顶端渐尖,表面具纵、横沟纹和孔穴;种仁味苦,稀味甜。花期 3—4 月,核果广卵圆形,成熟期因品种而异,通常为 8—9 月。有些品种只开花而不结果实。

2)园林用途:在园林绿化中被广泛用于湖滨、溪流、道路两侧和公园等,在小型绿化工程中用于庭院绿化点缀、私家花园等,用途广泛,绿化效果突出。可片植形成桃林,也可孤植点缀于草坪中,亦可与贴梗海棠等灌木配植,形成百花齐放的景象。栽植当年既有特别好的效果体现。碧桃是园林绿化中常用的彩色苗木之一,通常和紫叶李、紫叶矮樱等苗木一起使用。碧桃花大色艳,开花时美丽漂亮,观赏期长达 15 天之久。

碧桃生长情况调查见表 5-57。

表 5-57　碧桃生长情况调查表

生长情况				立地条件			光照条件		
胸径/cm	枝下高/m	冠幅/m	长势	土壤 壤土			光照充足	半阴	阴
10～18	0.5～1.5	2.5～6	良好	干旱	湿润	一般	√		
						√			

5.3.1.3　南疆城镇园林植物——灌木概况

南疆城镇园林植物——灌木汇总见表 5-58。

表 5-58　灌木汇总表

序号	科	属	名　称
1	胡颓子科	沙棘属	沙棘（*Hippophae rhamnoides L.*）
2	茄科	枸杞属	枸杞（*Lycium chinense Mill.*）
3	柽柳科	柽柳属	柽柳（*Tamarix chinensis Lour.*）、红柳（*Tamarix ramosissima*）
4	蔷薇科	蔷薇属	野蔷薇（*Rosa multiflora Thunb.*）、玫瑰（*Rosa rugosa Thunb.*）、月季花（*Rosa chinensis Jacq.*）、黄刺玫（*Rosa xanthina Lindl.*）
		绣线菊属	金山绣线菊（*Spiraea japonica Gold Mound*）
		桃属	榆叶梅（*Amygdalus triloba*（*Lindl.*）*Ricker*）、重瓣榆叶梅（*Amygdalus triloba*（*Lindl.*）*Ricker f. multiplex*（*Bunge*）*Rehd.*）
		珍珠梅属	珍珠梅（*Sorbaria sorbifolia*（*L.*）*A. Br.*）
		棣棠花属	棣棠（*Kerria japonica*）
5	忍冬科	忍冬属	忍冬（*Lonicera japonica Thunb.*）、金银忍冬（金银木）（*Lonicera maackii*（*Rupr.*）*Maxim.*）
		接骨木属	接骨木（*Sambucus williamsii Hance*）
6	木犀科	女贞属	辽东水蜡树（水蜡）（*Ligustrum obtusifolium Sieb.*）
		丁香属	紫丁香（*Syringa oblata Lindl.*）、红丁香（*Syringa villosa Vahl*）
7	豆科	锦鸡儿属	锦鸡儿（*Caragana sinica*（*Buchoz*）*Rehd.*）
		紫穗槐属	紫穗槐（*Amorpha fruticosa Linn.*）
8	山茱萸科	梾木属	红瑞木（*Swida alba*）
9	漆树科	盐肤木属	火炬（*Rhus typhina*）
10	卫矛科	卫矛属	北海道黄杨（*Euonymus japonicus Thunb.*）、胶东卫矛（*Euonymus kiautschovicus*）
11	锦葵科	木槿属	木槿（*Hibiscus syriacus Linn.*）
12	柏科	侧柏属	洒金柏（*Platycladus orientalis*（*L.*）*Franco cv. Aurea Nana*）

5.3.1.4　南疆城镇园林植物——灌木详情

(1)沙棘。

1)性状:落叶灌木或小乔木,高可达 6 m,稀至 15 m,嫩枝密被银白色鳞片,一年以上生枝鳞片脱落,表皮呈白色,光亮,老枝树皮部分剥裂;刺较多且较短,有时分枝;节间稍长;芽小。单叶互生,线形,长 15～45 mm,宽 2～4 mm,顶端钝形或近圆形,基部楔形,两面银白色,密被鳞片(稀上面绿色),无锈色鳞片;叶柄短,长约 1 mm。果实阔椭圆形或倒卵形至近圆形,长 5～7(9) mm,直径 3～4 mm(栽培的长可达 6～9 mm,直径 6～8 mm),干时果肉较脆;果梗长 3～4 mm;种子形状不一,常稍扁,长 2.8～4.2 mm。花期 5 月,果期8-9 月。

2)园林用途:沙棘喜光,耐寒,耐酷热,耐风沙及干旱气候。对土壤适应性强。用于沙漠绿化,防护绿篱。

沙棘生长情况调查见表 5-59。

表 5-59　乡土树种沙棘生长情况调查表

生长情况				立地条件			光照条件		
高度/m	蓬径/m	修剪与否	长势	土壤			光照充足	半阴	阴
				壤土					
1.5～5	2.5～4	未修剪	良好	干旱	湿润	一般	√		
				√		√			

(2)枸杞。

1)性状:多分枝灌木,高 0.5～1 m,栽培时可达 2 m;枝条细弱,弓状弯曲或俯垂,淡灰色,有纵条纹,棘刺长 0.5～2 cm,生叶和花的棘刺较长,小枝顶端锐尖成棘刺状。叶纸质,栽培者质稍厚,单叶互生或 2～4 枚簇生,卵形、卵状菱形、长椭圆形、卵状披针形,顶端急尖,基部楔形,长 1.5～5 cm,宽 0.5～2.5 cm,栽培者较大,可长达 10 cm 以上,宽达 4 cm;叶柄长 0.4～1 cm。花在长枝上单生或双生于叶腋,在短枝上则同叶簇生;花梗长 1～2 cm,向顶端渐增粗。花萼长 3～4 mm,通常 3 中裂或 4～5 齿裂,裂片多少有缘毛;花冠漏斗状,长 9～12 mm,淡紫色,筒部向上骤然扩大,稍短于或近等于檐部裂片,5 深裂,裂片卵形,顶端圆钝,平展或稍向外反曲,边缘有缘毛,基部耳显著;雄蕊较花冠稍短,或因花冠裂片外展而伸出花冠,花丝在近基部处密生一圈绒毛并交织成椭圆状的毛丛,与毛丛等高处的花冠筒内壁亦密生一环绒毛;花柱稍伸出雄蕊,上端弓弯,柱头绿色。浆果红色,卵状,栽培者可成长矩圆状或长椭圆状,顶端尖或钝,长 7～15 mm,栽培者长可达 2.2 cm,直径 5～8 mm。种子扁肾脏形,长 2.5～3 mm,黄色。花果期 6—11 月。

2)园林用途:枸杞树形婀娜,叶翠绿,花淡紫,果实鲜红,是很好的盆景观赏植物,也可做沙漠绿化、防护绿篱。

枸杞生长情况调查见表 5-60。

表 5-60　乡土树种枸杞生长情况调查表

生长情况				立地条件			光照条件		
高度/m	蓬径/m	修剪与否	长势	土壤			光照充足	半阴	阴
				壤土					
				干旱	湿润	一般			
1.5～2.5	1～2	未修剪	良好			√	√	√	

（3）柽柳。

1）性状：乔木或灌木，高 2～6(8) m；老枝直立，暗褐红色，光亮，幼枝稠密细弱，常开展而下垂，红紫色或暗紫红色，有光泽；嫩枝繁密纤细，悬垂。叶鲜绿色，从去年生木质化生长枝上生出的绿色营养枝上的叶长圆状披针形或长卵形；上部绿色营养枝上的叶钻形或卵状披针形，半贴生，先端渐尖而内弯，基部变窄，长 1～3 mm，背面有龙骨状突起。每年开花两三次。花期 4～9 月。喜生于河流冲积平原，海滨、滩头、潮湿盐碱地和沙荒地。喜光树种，不耐遮阴，耐高温，耐严寒。能耐烈日曝晒，耐干旱，耐水湿，抗风，耐碱土，能在含盐量 1% 的重盐碱地生长。深根性，主、侧根都极发达，主根往往伸到地下水层，最深可达 10 m 以上，萌芽力强，耐修剪和刈割；生长较快，年生长量达 50～80 cm，4～5 年高达 2.5～3.0 m，大量开花结实，树龄可达百年以上。

2）园林用途：柽柳枝条细柔，姿态婆娑，开花如红蓼，颇为美观。在庭院中可作绿篱用，适于在水滨、池畔、桥头、河岸、堤防种植。

柽柳生长情况调查见表 5-61。

表 5-61 乡土树种柽柳生长情况调查表

生长情况				立地条件			光照条件		
				土壤					
高度/m	蓬径/m	修剪与否	长势	壤土			光照充足	半阴	阴
				干旱	湿润	一般			
1.5～2.5	1～2	未修剪	一般			√	√		

(4)野蔷薇。

1)性状:攀援灌木;小枝圆柱形,通常无毛,有短、粗稍弯曲皮束。小叶5~9,近花序的小叶有时3,连叶柄长5~10 cm;小叶片倒卵形、长圆形或卵形,长1.5~5 cm,宽8~28 mm,先端急尖或圆钝,基部近圆形或楔形,边缘有尖锐单锯齿,稀混有重锯齿,上面无毛,下面有柔毛;小叶柄和叶轴有柔毛或无毛,有散生腺毛;托叶篦齿状,大部贴生于叶柄,边缘有或无腺毛。花多朵,排成圆锥状花序,花梗长1.5~2.5 cm,无毛或有腺毛,有时基部有篦齿状小苞片;花直径1.5~2 cm,萼片披针形,有时中部具2个线形裂片,外面无毛,内面有柔毛;花瓣白色,宽倒卵形,先端微凹,基部楔形;花柱结合成束,无毛,比雄蕊稍长。果近球形,直径6~8 mm,红褐色或紫褐色,有光泽,无毛,萼片脱落。

2)园林用途:蔷薇花喜生于路旁、田边或丘陵地的灌木丛中,可作绿篱,用于城市园林绿化。

野蔷薇生长情况调查见表5-62。

表5-62　野蔷薇生长情况调查表

生长情况				立地条件			光照条件		
高度/m	蓬径/m	修剪与否	长势	土壤			光照充足	半阴	阴
				壤土					
1.5~2.5	2~4.5	未修剪	良好	干旱	湿润	一般	√		
						√			

(5)忍冬。

1)性状:半常绿藤本;幼枝红褐色,密被黄褐色、开展的硬直糙毛、腺毛和短柔毛,下部常无毛。叶纸质,卵形至矩圆状卵形,有时卵状披针形,稀圆卵形或倒卵形,极少有 1 至数个钝缺刻,长 3～5(9.5)cm,顶端尖或渐尖,少有钝圆或微凹缺,基部圆或近心形,有糙缘毛,上面深绿色,下面淡绿色,小枝上部叶通常两面均密被短糙毛,下部叶常平滑无毛而下面多少带青灰色;叶柄长4～8 mm,密被短柔毛。总花梗通常单生于小枝上部叶腋,与叶柄等长或稍较短,下方者则长达 2～4 cm,密被短柔毛,并夹杂腺毛;苞片大,叶状,卵形至椭圆形,长达 2～3 cm,两面均有短柔毛或有时近无毛;小苞片顶端圆形或截形,长约 1 mm,为萼筒的 1/2～4/5,有短糙毛和腺毛;萼筒长约 2 mm,无毛,萼齿卵状三角形或长三角形,顶端尖而有长毛,外面和边缘都有密毛;花冠白色,有时基部向阳面呈微红,后变黄色,长(2)3～4.5(6)cm,唇形,筒稍长于唇瓣,很少近等长,外被多少倒生的开展或半开展糙毛和长腺毛,上唇裂片顶端钝形,下唇带状而反曲;雄蕊和花柱均高出花冠。果实圆形,直径 6～7 mm,熟时蓝黑色,有光泽;种子卵圆形或椭圆形,褐色,长约 3 mm,中部有一凸起的脊,两侧有浅的横沟纹。花期 4—6 月(秋季亦常开花),果熟期 10—11 月。

2)园林用途:适应性很强,喜阳,耐阴,耐寒性强,也耐干旱和水湿,对土壤要求不严,可做隔阻绿墙、群落造景,春天可赏花闻香,秋天可观累累红果。

忍冬生长情况调查见表 5-63。

表 5-63　忍冬生长情况调查表

生长情况				立地条件			光照条件		
高度/m	蓬径/m	修剪与否	长势	土壤			光照充足	半阴	阴
				壤土					
				干旱	湿润	一般			
2～4.5	2.5～6	未修剪	良好	√	√	√	√	√	

（6）金银忍冬（金银木）。

1）性状：落叶灌木，高达 6 m，茎干直径达 10 cm；凡幼枝、叶两面脉上、叶柄、苞片、小苞片及萼檐外面都被短柔毛和微腺毛。冬芽小，卵圆形，有 5～6 对或更多鳞片。叶纸质，形状变化较大，通常卵状椭圆形至卵状披针形，稀矩圆状披针形或倒卵状矩圆形，更少菱状矩圆形或圆卵形，长 5～8 cm，顶端渐尖或长渐尖，基部宽楔形至圆形；叶柄长 2～5(8) mm。花芳香，生于幼枝叶腋，总花梗长 1～2 mm，短于叶柄；苞片条形，有时条状倒披针形而呈叶状，长 3～6 mm；小苞片多少连合成对，长为萼筒的 1/2 至几相等，顶端截形；相邻两萼筒分离，长约 2 mm，无毛或疏生微腺毛，萼檐钟状，为萼筒长的 2/3 至相等，干膜质，萼齿三角形或披针形，不相等，顶尖，裂隙约达萼檐之半；花冠先白色后变黄色，长 1～2 cm，外被短伏毛或无毛，唇形，筒长约为唇瓣的 1/2，内被柔毛；雄蕊与花柱长约达花冠的 2/3，花丝中部以下和花柱均有向上的柔毛。果实暗红色，圆形，直径 5～6 mm；种子具蜂窝状微小浅凹点。花期 5—6 月，果熟期 8—10 月。

2）园林用途：金银木花果并美，具有较高的观赏价值。春天可赏花闻香，秋天可观累累红果。春末夏初层层开花，金银相映，远望整个植株如同一个美丽的大花球。花朵清雅芳香，引来蜂飞蝶绕，因而金银木又是优良的蜜源树种。金秋时节，对对红果挂满枝条，煞是惹人喜爱，也为鸟儿提供了美食。在园林中，常将金银木丛植于草坪、山坡、林缘、路边或点缀于建筑周围，观花赏果两相宜。

金银忍冬生长情况调查见表 5-64。

表 5-64　金银忍冬生长情况调查表

生长情况				立地条件			光照条件		
高度/m	蓬径/m	修剪与否	长势	土壤			光照充足	半阴	阴
				壤土					
1.2～2	1.2～2	未修剪	良好	干旱	湿润	一般	√	√	
					√	√			

(7)辽东水蜡树(水蜡)。

1)性状:落叶多分枝灌木,高 2～3 m;树皮暗灰色。小枝淡棕色或棕色,圆柱形,被较密微柔毛或短柔毛。叶片纸质,披针状长椭圆形、长椭圆形、长圆形或倒卵状长椭圆形,长 1.5～6 cm,宽 0.5～2.2 cm,先端钝或锐尖,有时微凹而具微尖头,萌发枝上叶较大,长圆状披针形,先端渐尖,基部均为楔形或宽楔形,两面无毛,稀疏被短柔毛或仅沿下面中脉疏被短柔毛,侧脉 4～7 对,在上面微凹入,下面略凸起,近叶缘处不明显网结;叶柄长 1～2 mm,无毛或被短柔毛。圆锥花序着生于小枝顶端,长 1.5～4 cm,宽 1.5～2.5(3) cm;花序轴、花梗、花萼均被微柔毛或短柔毛;花梗长 0～2 mm;花萼长 1.5～2 mm,截形或萼齿呈浅三角形;花冠管长 3.5～6 mm,裂片狭卵形至披针形,长 2～4 mm;花药披针形,长约 2.5 mm,短于花冠裂片或达裂片的 1/2 处;花柱长 2～3 mm。果近球形或宽椭圆形,长 5～8 mm,径 4～6 mm。花期 5—6 月,果期 8—10 月。

2)园林用途:辽东水蜡树适应性较强,喜光照,稍耐阴,耐寒,对土壤要求不严,稍耐盐碱。可用于风景林、公园、庭院、草地和街道。可丛植、片植或作绿篱、群落造景。

辽东水蜡树生长情况调查见表 5-65。

表 5-65　辽东水蜡树生长情况调查表

生长情况				立地条件			光照条件		
高度/cm	蓬径	修剪与否	长势	土壤			光照充足	半阴	阴
				壤土					
				干旱	湿润	一般			
30～80	—	修剪	良好	√		√	√	√	

(8)锦鸡儿。

1)性状:灌木,高1～2 m。树皮深褐色;小枝有棱,无毛。托叶三角形,硬化成针刺,长5～7 mm;叶轴脱落或硬化成针刺,针刺长7～15(25) mm;小叶2对,羽状,有时假掌状,上部1对常较下部的为大,厚革质或硬纸质,倒卵形或长圆状倒卵形,长1～3.5 cm,宽5～15 mm,先端圆形或微缺,具刺尖或无刺尖,基部楔形或宽楔形,上面深绿色,下面淡绿色。花单生,花梗长约1 cm,中部有关节;花萼钟状,长12～14 mm,宽6～9 mm,基部偏斜;花冠黄色,常带红色,长2.8～3 cm,旗瓣狭倒卵形,具短瓣柄,翼瓣稍长于旗瓣,瓣柄与瓣片近等长,耳短小,龙骨瓣宽钝;子房无毛。荚果圆筒状,长3～3.5 cm,宽约5 mm。花期4—5月,果期7月。

2)园林用途:锦鸡儿喜光,常生于山坡向阳处。根系发达,具根瘤,抗旱耐瘠,能在山石缝隙处生长。忌湿涝。萌芽力、萌蘖力均强,能自然播种繁殖。在深厚肥沃湿润的砂质壤土中生长更佳。可作绿篱,亦可片植观花、群落造景。

锦鸡儿生长情况调查见表5-66。

表5-66 锦鸡儿生长情况调查表

生长情况				立地条件			光照条件		
高度/m	蓬径/m	修剪与否	长势	土壤			光照充足	半阴	阴
				壤土					
				干旱	湿润	一般			
0.5～1.5	2.5～4	未修剪	良好	√		√	√		

（9）金山绣线菊。

1）性状：喜光，稍耐阴，抗寒，抗旱，喜温暖湿润的气候和深厚肥沃的土壤。萌蘖力和萌芽力均强，耐修剪。直立灌木，高 1～2 m；枝条密集，小枝稍有棱角，黄褐色，嫩枝具短柔毛，老时脱落；冬芽卵形或长圆卵形，先端急尖，有数个褐色外露鳞片，外被稀疏细短柔毛。叶片长圆披针形至披针形，长 4～8 cm，宽 1～2.5 cm，先端急尖或渐尖，基部楔形，边缘密生锐锯齿，有时为重锯齿，两面无毛；叶柄长 1～4 mm，无毛。花序为长圆形或金字塔形的圆锥花序，长 6～13 cm，直径 3～5 cm，被细短柔毛，花朵密集；花梗长 4～7 mm；苞片披针形至线状披针形，全缘或有少数锯齿，微被细短柔毛；花直径 5～7 mm；萼筒钟状；萼片三角形，内面微被短柔毛；花瓣卵形，先端通常圆钝，长 2～3 mm，宽 2～2.5 mm，粉红色；雄蕊 50 枚，约长于花瓣 2 倍；花盘圆环形，裂片呈细圆锯齿状；子房有稀疏短柔毛，花柱短于雄蕊。蓇葖果直立，无毛或沿腹缝有短柔毛，花柱顶生，倾斜开展，常具反折萼片。花期 6—8 月，果期 8—9 月。

2）园林用途：新叶金黄、明亮，随着植株的生长，可形成优良的彩色地被，覆盖地表，非常壮观。金山绣线菊株型整齐，可成片栽植，也可组成模纹图案。若丛植于路边林缘、公园道旁、庭院及湖畔或假山石旁，将起到强化植物群落、丰富群体色彩的作用。

金山绣线菊生长情况调查见表 5-67。

表 5-67　金山绣线菊生长情况调查表

生长情况				立地条件			光照条件		
高度/cm	蓬径/cm	修剪与否	长势	土壤			光照充足	半阴	阴
				壤土，无大块砾石					
40～55	45～60	未修剪	良好	干旱	湿润	一般	√		
						√			

(10)紫丁香。

1)性状:灌木或小乔木,高可达 5 m;树皮灰褐色或灰色。小枝、花序轴、花梗、苞片、花萼、幼叶两面以及叶柄均无毛而密被腺毛。小枝较粗,疏生皮孔。叶片革质或厚纸质,卵圆形至肾形,宽常大于长,长 2～14 cm,宽 2～15 cm,先端短凸尖至长渐尖或锐尖,基部心形、截形至近圆形,或宽楔形,上面深绿色,下面淡绿色;萌枝上叶片常呈长卵形,先端渐尖,基部截形至宽楔形;叶柄长 1～3 cm。圆锥花序直立,由侧芽抽生,近球形或长圆形,长 4～16 (20) cm,宽 3～7(10) cm;花梗长 0.5～3 mm;花萼长约 3 mm,萼齿渐尖、锐尖或钝;花冠紫色,长 1.1～2 cm,花冠管圆柱形,长 0.8～1.7 cm,裂片呈直角开展,卵圆形、椭圆形至倒卵圆形,长 3～6 mm,宽 3～5 mm,先端内弯略呈兜状或不内弯;花药黄色,位于距花冠管喉部 0～4 mm 处。果倒卵状椭圆形、卵形至长椭圆形,长 1～1.5(2) cm,宽 4～8 mm,先端长渐尖,光滑。花期 4—5月,果期 6—10月。

2)园林用途:喜光,稍耐阴,阴处或半阴处生长衰弱,开花稀少。喜温暖、湿润,有较强的耐旱力、耐寒性。对土壤的要求不严,耐瘠薄。植株丰满秀丽,枝叶茂密,且具独特的芳香,广泛栽植于庭园、机关、厂矿、居民区等地。常丛植于建筑前、茶室凉亭周围;散植于园路两旁、草坪之中;与其他种类丁香配植成专类园,形成美丽、清雅、芳香,青枝绿叶,花开不绝的景区,效果极佳。

紫丁香生长情况调查见表 5-68。

表 5-68 紫丁香生长情况调查表

生长情况				立地条件			光照条件		
高度/m	蓬径	修剪与否	长势	土壤			光照充足	半阴	阴
				壤土					
1～4	—	二者均有	良好	干旱	湿润	一般	√	√	
					√	√			

(11)红丁香。

1)性状:灌木,高达4 m。枝直立,粗壮,灰褐色,具皮孔,小枝淡灰棕色,无毛或被微柔毛,具皮孔。叶片卵形、椭圆状卵形、宽椭圆形至倒卵状长椭圆形,长4～11(15) cm,宽1.5～6(11) cm,先端锐尖或短渐尖,基部楔形或宽楔形至近圆形,上面深绿色,无毛,下面粉绿色,贴生疏柔毛或仅沿叶脉被须状柔毛或柔毛,稀无毛;叶柄长0.8～2.5 cm,无毛或略被柔毛。圆锥花序直立,由顶芽抽生,长圆形或塔形,长5～13(17) cm,宽3～10 cm;花序轴与花梗、花萼无毛,或被微柔毛、短柔毛或柔毛;花序轴具皮孔;花梗长0.5～1.5 mm;花芳香;花萼长2～4 mm,萼齿锐尖或钝;花冠淡紫红色、粉红色至白色,花冠管细弱,稀较粗达3 mm,近圆柱形,长0.7～1.5 cm,裂片成熟时呈直角向外展开,卵形或长圆状椭圆形,长3～5 mm,先端内弯呈兜状而具喙,喙凸出;花药黄色,长约3 mm,位于花冠管喉部或稍凸出。果长圆形,长1～1.5 cm,宽约6 mm,先端凸尖,皮孔不明显。花期5—6月,果期9月。

2)园林用途:生长强健,枝干茂密,顶生大型圆锥花序灿烂无比,花色美丽芳香,抗病虫害能力极强,对大气污染、粉尘及氟化氢、二氧化硫等有毒气体有较强的吸附能力。可作为西北城市城镇行道树、绿化、美化树种,庭院种植或丛植于草坪中效果更佳。

红丁香生长情况调查见表5-69。

表5-69　红丁香生长情况调查表

生长情况				立地条件			光照条件		
高度/m	蓬径/m	修剪与否	长势	土壤			光照充足	半阴	阴
				壤土					
1.5～2	2～3	未修剪	良好	干旱	湿润	一般	√		
					√	√			

(12)榆叶梅。

1)性状:灌木,稀小乔木,高2～3 m;枝条开展,具多数短小枝;小枝灰色,一年生枝灰褐色,无毛或幼时微被短柔毛;冬芽短小,长2～3 mm。短枝上的叶常簇生,一年生枝上的叶互生;叶片宽椭圆形至倒卵形,长2～6 cm,宽1.5～3(4) cm,先端短渐尖,常3裂,基部宽楔形,上面具疏柔毛或无毛,下面被短柔毛,叶边具粗锯齿或重锯齿;叶柄长5～10 mm,被短柔毛。花1～2朵,先于叶开放,直径2～3 cm;花梗长4～8 mm;萼筒宽钟形,长3～5 mm,无毛或幼时微具毛;萼片卵形或卵状披针形,无毛,近先端疏生小锯齿;花瓣近圆形或宽倒卵形,长6～10 mm,先端圆钝,有时微凹,粉红色;雄蕊约25～30枚,短于花瓣;子房密被短柔毛,花柱稍长于雄蕊。果实近球形,直径1～1.8 cm,顶端具短小尖头,红色,外被短柔毛;果梗长5～10 mm;果肉薄,成熟时开裂;核近球形,具厚硬壳,直径1～1.6 cm,两侧几不压扁,顶端圆钝,表面具不整齐的网纹。花期4-5月,果期5-7月。喜光,稍耐阴,耐寒,能在-35℃下越冬。对土壤要求不严,以中性至微碱性肥沃土壤为佳。根系发达,耐旱力强。不耐涝。抗病力强。生于低至中海拔的坡地或沟旁乔、灌木林下或林缘。

2)园林用途:榆叶梅枝叶茂密,花繁色艳,是中国北方园林、街道、路边等重要的绿化树种。有较强的抗盐碱能力,适宜种植在公园的草地、路边或庭园中的角落、水池等地。如果将榆叶梅种植在常绿树周围或种植于假山等地,其视觉效果更理想。与其他花色的植物搭配种植,在春秋季花盛开时候,花形、花色均极美观,各色花争相斗艳,景色宜人,是不可多得的园林绿化植物。

榆叶梅生长情况调查见表5-70。

表5-70 榆叶梅生长情况调查表

生长情况				立地条件			光照条件		
高度/m	蓬径/m	修剪与否	长势	土壤			光照充足	半阴	阴
				壤土					
				干旱	湿润	一般			
0.5～2.5	1.2～1.5	二者均有	良好	√		√	√	√	

（13）重瓣榆叶梅。

1）性状：落叶灌木，稀小乔木，为榆叶梅的一个变种或变型。高 2～5 m；枝条开展，具多数短小枝；小枝灰色，一年生枝灰褐色，嫩枝无毛或微被短柔毛；冬芽短小，长 2～3 mm。短枝上的叶常簇生，一年生枝上的叶互生；叶宽卵形至倒卵形，长 2～6 cm，宽 1.5～3(4) cm，先端少分裂，常 3 裂，基部宽楔形，叶边具粗锯齿或重锯齿，上面疏被柔毛或无毛，下面被短柔毛；叶柄长 5～10 mm，被短柔毛。花重瓣，1～2 朵，先于叶开放，直径 2～3 cm；花梗长 4～8 mm；萼筒宽钟形，长 3～5 mm，无毛或幼时微具毛；萼片卵圆形或卵状三角形，无毛，近先端疏生细锯齿；雄蕊 20 枚，子房密被短绒毛；花瓣近圆形或宽倒卵形，长 6～10 mm，先端圆钝，有时微凹，粉红色；雌蕊 25～30 枚，短于花瓣；子房密被短柔毛，花柱稍长于雄蕊。核果近球形，红色，壳面有皱纹，直径 1～1.8 cm，顶端具短小尖头，外被短柔毛；果梗长 5～10 mm；果肉薄，成熟时开裂；核近球形，具厚硬壳，直径 1～1.6 cm，两侧几不压扁，顶端圆钝，表面具不整齐的网纹。花期 3—4 月，果期 5—6 月。

2）园林用途：花繁色正，是新疆早春重要的观花植物，片植景观效果更为突出。花比榆叶梅多，颜色较鲜亮，用途基本与榆叶梅同。

重瓣榆叶梅生长情况调查见表 5-71。

表 5-71　乡土树种重瓣榆叶梅生长情况调查表

生长情况				立地条件			光照条件		
胸径/cm	枝下高/m	冠幅/m	长势	土壤			光照充足	半阴	阴
				壤土					
3～8	0.5～1.5	2～3.5	良好	干旱	湿润	一般	√	√	
				√		√			

(14)玫瑰。

1)性状:直立灌木,高可达 2 m;茎粗壮,丛生;小枝密被绒毛,并有针刺和腺毛,有直立或弯曲、淡黄色的皮刺,皮刺外被绒毛。小叶 5～9,连叶柄长 5～13 cm;小叶片椭圆形或椭圆状倒卵形,长 1.5～4.5 cm,宽 1～2.5 cm,先端急尖或圆钝,基部圆形或宽楔形,边缘有尖锐锯齿,上面深绿色,无毛,叶脉下陷,有褶皱,下面灰绿色,中脉突起,网脉明显,密被绒毛和腺毛,有时腺毛不明显;叶柄和叶轴密被绒毛和腺毛;托叶大部贴生于叶柄,离生部分卵形,边缘有带腺锯齿,下面被绒毛。花单生于叶腋,或数朵簇生,苞片卵形,边缘有腺毛,外被绒毛;花梗长 5～22.5 mm,密被绒毛和腺毛;花直径 4～5.5 cm;萼片卵状披针形,先端尾状渐尖,常有羽状裂片而扩展成叶状,上面有稀疏柔毛,下面密被柔毛和腺毛;花瓣倒卵形,重瓣至半重瓣,芳香,紫红色至白色;花柱离生,被毛,稍伸出萼筒口外,比雄蕊短很多。果扁球形,直径 2～2.5 cm,砖红色,肉质,平滑,萼片宿存。花期 5—6 月,果期 8—9 月。

2)园林用途:耐盐碱,抗旱性强,丛植外观端庄,花期香飘四溢,是优秀的园林植物。可丛植、片植,亦可列于路旁当作绿篱。是园林造景中重要的观花植物。

玫瑰生长情况调查见表 5－72。

表 5－72　玫瑰生长情况调查表

生长情况				立地条件			光照条件		
高度/m	蓬径/m	修剪与否	长势	土壤			光照充足	半阴	阴
				壤土					
0.6～1.5	1.5～2	未修剪	良好	干旱	湿润	一般	√	√	
				√		√			

（15）月季花。

1）性状：直立灌木,高 1～2 m;小枝粗壮,圆柱形,近无毛,有短粗的钩状皮刺或无刺。小叶 3～5,稀 7,连叶柄长 5～11 cm,小叶片宽卵形至卵状长圆形,长 2.5～6 cm,宽 1～3 cm,先端长渐尖或渐尖,基部近圆形或宽楔形,边缘有锐锯齿,两面近无毛,上面暗绿色,常带光泽,下面颜色较浅,顶生小叶片有柄,侧生小叶片近无柄,总叶柄较长,有散生皮刺和腺毛;托叶大部贴生于叶柄,仅顶端分离部分成耳状,边缘常有腺毛。花几朵集生,稀单生,直径 4～5 cm;花梗长 2.5～6 cm,近无毛或有腺毛,萼片卵形,先端尾状渐尖,有时呈叶状,边缘常有羽状裂片,稀全缘,外面无毛,内面密被长柔毛;花瓣重瓣至半重瓣,红色、粉红色至白色,倒卵形,先端有凹缺,基部楔形;花柱离生,伸出萼筒口外,约与雄蕊等长。果卵球形或梨形,长 1～2 cm,红色,萼片脱落。花期 4－9 月,果期 6－11 月。

2）园林用途：月季花在园林绿化中,有着不可或缺的价值。月季在南北园林中使用次数较多。月季花是春季主要的观赏花卉,其花期长,观赏价值高,价格低廉,受到各地园林的喜爱。可用于园林布置花坛、花境、庭院,可制作月季盆景,做切花、花篮、花束等。

月季花生长情况调查见表 5－73。

表 5－73　月季花生长情况调查表

生长情况				立地条件			光照条件		
高度/cm	蓬径	修剪与否	长势	土壤			光照充足	半阴	阴
				壤土,无大块砾石					
40～60	—	未修剪	良好	干旱	湿润	一般	√		
					√				

(16)黄刺玫。

1)性状：直立灌木,高 2～3 m;枝粗壮,密集,披散;小枝无毛,有散生皮刺,无针刺。小叶 7～13,连叶柄长 3～5 cm;小叶片宽卵形或近圆形,稀椭圆形,先端圆钝,基部宽楔形或近圆形,边缘有圆钝锯齿,上面无毛,幼嫩时下面有稀疏柔毛,逐渐脱落;叶轴、叶柄有稀疏柔毛和小皮刺;托叶带状披针形,大部贴生于叶柄,离生部分呈耳状,边缘有锯齿和腺。花单生于叶腋,重瓣或半重瓣,黄色,无苞片;花梗长 1～1.5 cm,无毛,无腺;花直径 3～4(5) cm;萼筒、萼片外面无毛,萼片披针形,全缘,先端渐尖,内面有稀疏柔毛,边缘较密;花瓣黄色,宽倒卵形,先端微凹,基部宽楔形;花柱离生,被长柔毛,稍伸出萼筒口外部,比雄蕊短很多。果近球形或倒卵圆形,紫褐色或黑褐色:直径 8～10 mm,无毛,花后萼片反折。花期 4－6 月,果期 7－8 月。喜光,稍耐阴,耐寒力强。对土壤要求不严,耐干旱和瘠薄,在盐碱土中也能生长,以疏松、肥沃土地为佳。不耐水涝。为落叶灌木。少病虫害。

2)园林用途:可供观赏,做保持水土及园林绿化树种。

黄刺玫生长情况调查见表 5－74。

表5－74　乡土树种黄刺玫生长情况调查表

生长情况				立地条件			光照条件		
高度/m	蓬径/m	修剪与否	长势	土壤			光照充足	半阴	阴
				壤土					
1.5～3	2～3	未修剪	良好	干旱	湿润	一般	√	√	
				√		√			

（17）珍珠梅。

1）性状：灌木，高达 2 m，枝条开展；小枝圆柱形，稍屈曲，无毛或微被短柔毛，初时绿色，老时暗红褐色或暗黄褐色；冬芽卵形，先端圆钝，无毛或顶端微被柔毛，紫褐色，具有数枚互生外露的鳞片。羽状复叶，小叶片 11～17 枚，连叶柄长 13～23 cm，宽 10～13 cm，叶轴微被短柔毛；小叶片对生，相距 2～2.5 cm，披针形至卵状披针形，长 5～7 cm，宽 1.8～2.5 cm，先端渐尖，稀尾尖，基部近圆形或宽楔形，稀偏斜，边缘有尖锐重锯齿，上下两面无毛或近于无毛，羽状网脉，具侧脉 12～16 对，下面明显；小叶无柄或近于无柄；托叶叶质，卵状披针形至三角披针形，先端渐尖至急尖，边缘有不规则锯齿或全缘，长 8～13 mm，宽 5～8 mm，外面微被短柔毛。顶生大型密集圆锥花序，分枝近于直立，长 10～20 cm，直径 5～12 cm，总花梗和花梗被星状毛或短柔毛，果期逐渐脱落，近于无毛；苞片卵状披针形至线状披针形，长 5～10 mm，宽 3～5 mm，先端长渐尖，全缘或有浅齿，上下两面微被柔毛，果期逐渐脱落；花梗长 5～8 mm；花直径 10～12 mm；萼筒钟状，外面基部微被短柔毛；萼片三角卵形，先端钝或急尖，萼片约与萼筒等长；花瓣长圆形或倒卵形，长 5～7 mm，宽 3～5 mm，白色；雄蕊 40～50 枚，约长于花瓣 1.5～2 倍，生在花盘边缘；心皮 5，无毛或稍具柔毛。蓇葖果长圆形，有顶生弯曲花柱，长约 3 mm，果梗直立；萼片宿存，反折，稀开展。花期 7－8 月，果期 9 月。

2）园林用途：珍珠梅的花、叶清丽，化期很长，在园林应用上是非常受欢迎的观赏树种。具有耐阴的特性，因而是北方城市高楼大厦及各类建筑物北侧阴面绿化的灌木树种。可孤植、列植、丛植，亦可做绿篱。

珍珠梅生长情况调查见表 5－75。

表 5－75　珍珠梅生长情况调查表

生长情况				立地条件			光照条件		
高度/m	蓬径/m	修剪与否	长势	土壤			光照充足	半阴	阴
				壤土，无大块砾石					
				干旱	湿润	一般			
1.3～1.5	1～1.8	修剪	良好		√	√	√		

（18）红瑞木。

1）性状：灌木，高达 3 m；树皮紫红色；幼枝有淡白色短柔毛，后即秃净而被蜡状白粉，老枝红白色，散生灰白色圆形皮孔及略为突起的环形叶痕。冬芽卵状披针形，长 3～6 mm，被灰白色或淡褐色短柔毛。叶对生，纸质，椭圆形，稀卵圆形，长 5～8.5 cm，宽 1.8～5.5 cm，先端突尖，基部楔形或阔楔形，边缘全缘或波状反卷，上面暗绿色，有极少的白色平贴短柔毛，下面粉绿色，被白色贴生短柔毛，有时脉腋有浅褐色髯毛，中脉在上面微凹陷，下面凸起，侧脉 4～6 对，弓形内弯，在上面微凹下，下面凸出，细脉在两面微显明。伞房状聚伞花序顶生，较密，宽约 3 cm，被白色短柔毛；总花梗圆柱形，长 1.1～2.2 cm，被淡白色短柔毛；花小，白色或淡黄白色，长 5～6 mm，直径 6～8.2 mm，花萼裂片4，尖三角形，长约 0.1～0.2 mm，短于花盘，外侧有疏生短柔毛；花瓣 4，卵状椭圆形，长 3～3.8 mm，宽 1.1～1.8 mm，先端急尖或短渐尖，上面无毛，下面疏生贴生短柔毛；雄蕊 4 枚，长 5～5.5 mm，着生于花盘外侧，花丝线形，微扁，长 4～4.3 mm，无毛，花药淡黄色，2 室，卵状椭圆形，长 1.1～1.3 mm，丁字形着生；花盘垫状，高 0.2～0.25 mm；花柱圆柱形，长 2.1～2.5 mm，近于无毛，柱头盘状，宽于花柱，子房下位，花托倒卵形，长约 1.2 mm，直径约 1 mm，被贴生灰白色短柔毛；花梗纤细，长 2～6.5 mm，被淡白色短柔毛，与子房交接处有关节。核果长圆形，微扁，长约 8 mm，直径 5.5～6 mm，成熟时乳白色或蓝白色，花柱宿存；核棱形，侧扁，两端稍尖呈喙状，长约 5 mm，宽约 3 mm，每侧有脉纹 3 条；果梗细圆柱形，长 3～6 mm，有疏生短柔毛。花期 6—7 月，果期 8—10 月。一般在海拔 600～1 700 m 地区生长。喜欢潮湿温暖的生长环境，光照充足。红瑞木喜肥，比较耐寒，并且比较耐修剪。在排水通畅、养分充足的环境，生长速度非常快。

2）园林用途：红瑞木秋叶鲜红，小果洁白，落叶后枝干红艳如珊瑚，是少有的观茎植物，也是良好的切枝材料。园林中多丛植草坪上或与常绿乔木相间种植，得红绿相映之效果。

红瑞木生长情况调查见表 5-76。

表 5-76　**红瑞木生长情况调查表**

生长情况				立地条件			光照条件		
高度/m	蓬径/m	修剪与否	长势	土壤			光照充足	半阴	阴
				壤土					
1.5～3	2～3	未修剪	良好	干旱	湿润	一般	√	√	
				√	√	√			

(19)火炬。

1)性状:为漆树科盐肤木属落叶小乔木。奇数羽状复叶互生,长圆形至披针形。直立圆锥花序顶生,果穗鲜红色。果扁球形,有红色刺毛,紧密聚生成火炬状。果实 9 月成熟后经久不落,而且秋后树叶会变红。原产欧美,常在开阔的沙土或砾质土上生长。喜光,耐寒,对土壤适应性强,耐干旱瘠薄,耐水湿,耐盐碱。根系发达,萌蘖性强,四年内可萌发 30～50 萌蘖株。浅根性,生长快,寿命短。

2)园林用途:秋季叶红艳或橙黄,是著名的秋色叶树种。宜植于园林观赏,或用以点缀山林秋色。多片植观秋叶及果。

火炬生长情况调查见表 5-77。

表 5-77　火炬生长情况调查表

生长情况				立地条件			光照条件		
胸径/cm	枝下高/m	冠幅/m	长势	土壤			光照充足	半阴	阴
				壤土					
3~8	0.5~2	2~5	良好	干旱	湿润	一般	√	√	
				√	√	√			

（20）接骨木。

1）性状：落叶灌木或小乔木，高 5~6 m；老枝淡红褐色，具明显的长椭圆形皮孔，髓部淡褐色。羽状复叶有小叶 2~3 对，有时仅 1 对或多达 5 对，侧生小叶片卵圆形、狭椭圆形至倒矩圆状披针形，长 5~15 cm，宽 1.2~7 cm，顶端尖、渐尖至尾尖，边缘具不整齐锯齿，有时基部或中部以下具 1 至数枚腺齿，基部楔形或圆形，有时心形，两侧不对称，最下一对小叶有时具长约 0.5 cm 的柄；顶生小叶卵形或倒卵形，顶端渐尖或尾尖，基部楔形，具长约 2 cm 的柄，初时小叶上面及中脉被稀疏短柔毛，后光滑无毛，叶搓揉后有臭气；托叶狭带形，或退化成带蓝色的突起。花与叶同出，圆锥形聚伞花序顶生，长 5~11 cm，宽 4~14 cm，具总花梗，花序分枝多成直角开展，有时被稀疏短柔毛，随即光滑无毛；花小而密；萼筒杯状，长约 1 mm，萼齿三角状披针形，稍短于萼筒；花冠蕾时带粉红色，开后白色或淡黄色，筒短，裂片矩圆形或长卵圆形，长约 2 mm；雄蕊与花冠裂片等长，开展，花丝基部稍肥大，花药黄色；子房 3 室，花柱短，柱头 3 裂。果实红色，极少蓝紫黑色，卵圆形或近圆形，直径 3~5 mm；分核 2~3 枚，卵圆形至椭圆形，长 2.5~3.5 mm，略有皱纹。花期一般 4—5 月，果熟期

9—10 月。适应性较强,对气候要求不严;以肥沃、疏松的土壤培植为好。喜光,亦耐阴,较耐寒,又耐旱,根系发达,萌蘗性强。常生于林下、灌木丛中,根系发达。忌水涝。抗污染性强。对氟化氢的抗性强,对氯气、氯化氢、二氧化硫、醛、酮、醇、醚、苯和安息香吡啉(致癌物质)等也有较强的抗性。

2)园林用途:接骨木枝叶繁茂,春季白花满树,夏秋红果累累,是良好的观赏灌木,宜植于草坪、林缘或水边;因其对氟化氢的抗性强,对氯气、氯化氢、二氧化硫、醛、酮、醇、醚、苯和安息香吡啉(致癌物质)等也有较强的抗性,故可用于城市、工厂的防护林。

接骨木生长情况调查见表 5 - 78。

表 5 - 78　接骨木生长情况调查表

生长情况				立地条件			光照条件		
高度/m	蓬径/m	修剪与否	长势	土壤			光照充足	半阴	阴
				壤土或沙质土					
1.8～3	3～4	未修剪	良好	干旱	湿润	一般	√		
					√	√			

(21)紫穗槐。

1)性状:落叶灌木,丛生,高 1～4 m。小枝灰褐色,被疏毛,后变无毛,嫩枝密被短柔毛。叶互生,奇数羽状复叶,长 10～15 cm,有小叶 11～25 片,基部有线形托叶;叶柄长 1～2 cm;小叶卵形或椭圆形,长 1～4 cm,宽 0.6～2.0 cm,先端圆形,锐尖或微凹,有一短而弯曲的尖刺,基部宽楔形或圆形,上面无毛或被疏毛,下面有白色短柔毛,具黑色腺点。穗状花序常 1 至数个顶生和枝端腋

生,长 7~15 cm,密被短柔毛;花有短梗;苞片长 3~4 mm;花萼长 2~3 mm,
被疏毛或几无毛,萼齿三角形,较萼筒短;旗瓣心形,紫色,无翼瓣和龙骨瓣;雄
蕊 10 枚,下部合生成鞘,上部分裂,包于旗瓣之中,伸出花冠外。荚果下垂,长
6~10 mm,宽 2~3 mm,微弯曲,顶端具小尖,棕褐色,表面有凸起的疣状腺
点。花、果期 5—10 月。耐旱,耐盐碱,耐贫瘠,耐高温,耐寒性强,喜光亦稍
耐阴。

2)园林用途:根部有根疣可改良土壤,枝叶对烟尘有较强的吸附作用。可
用作水土保持、被覆地面和工业区绿化防护林带的林木。

紫穗槐生长情况调查见表 5-79。

表 5-79 紫穗槐生长情况调查表

生长情况				立地条件			光照条件		
高度/cm	蓬径	修剪与否	长势	土壤			光照充足	半阴	阴
				壤土,无大块砾石					
				干旱	湿润	一般			
50~150	—	二者均有	良好	√	√	√	√	√	

(22)红柳。

1)性状:灌木或小乔木,高 1~3(6)m,老枝的树皮暗灰色,当年生木质化
的生长枝淡红或橙黄色,长而直伸,有分枝,第二年生枝则颜色渐变淡。木质
化生长枝上的叶披针形,基部短,半抱茎,微下延;绿色营养枝上的叶短卵圆形
或三角状心脏形,长 2~5 mm,急尖,略向内倾,几抱茎,下延。总状花序生在
当年生枝顶,集成顶生圆锥花序,长 3~5 cm,或较长,长 6~8 cm,或较短,长

0.5～1.5 cm,宽 3～5 mm,总花梗长 0.2～1 cm;苞片披针形、卵状披针形、条状钻形或卵状长圆形,渐尖,长 1.5～2(2.8)mm,与花萼等长或超过花萼(包括花梗);花梗长 0.5～0.7 mm,短于或等于花萼;花 5 枚;花萼长 0.5～1 mm,萼片广椭圆状卵形或卵形,渐尖或钝,内面三片比外面两片宽,长0.5～0.7 mm,宽 0.3～0.5 mm,边缘窄膜质,有不规则的齿牙,无龙骨;花瓣粉红色或紫色,倒卵形至阔椭圆状倒卵形,顶端微缺(弯),长 1～1.7 mm,宽 0.7～1 mm,比花萼长 1/3,直伸,靠合,形成闭合的酒杯状花冠,果时宿存;花盘 5 裂,裂片顶端有或大或小的凹缺;雄蕊 5 枚,与花冠等长,或超出花冠 1.5 倍,花丝基部不变宽,着生在花盘裂片间边缘略下方,花药钝或在顶端具钝突起;子房锥形瓶状具三棱,花柱 3,棍棒状,为子房长的 1/3～1/4。蒴果三棱圆锥形瓶状,长 3～5 mm,比花萼长 3～4 倍。花期 5～9 月。

2)园林用途:红柳为喜光灌木,不耐阴。喜低湿而微具盐碱的土壤。本种是沙漠地区盐化沙土上、沙丘上和河湖滩地上固沙造林和盐碱地上绿化造林的优良树种。开花繁密而花期长,是最有价值的居民点的绿化树种。

红柳生长情况调查见表 5-80。

表 5-80　红柳生长情况调查表

生长情况				立地条件			光照条件		
高度/m	蓬径/m	修剪与否	长势	土壤			光照充足	半阴	阴
				沙土					
1～2.5	1.5～4	未修剪	良好	干旱	湿润	一般	√		
				√		√			

(23)胶东卫矛。

1)性状:半常绿灌木,高达 3 m 以上;茎直立,枝常披散式依附他树,下部枝有须状随生根,小枝圆或略扁,四棱不明显,被极细密瘤突。叶纸质,倒卵形或阔椭圆形,长 4~6 cm,宽 2~3.5 cm,先端急尖,钝圆或短渐尖,基部楔形,稍下延,边缘有极浅锯齿,侧脉 5~7 对,小脉不显著;叶柄长 5~8 mm。聚伞花序,花较疏散,2~3 次分枝,每花序多具 15 花,花序梗细而具 4 棱或稍扁,长 1.5~2.5 cm,第一次分枝多近平叉,长 1~1.5 cm,二次和三次分枝长约为其 1/2;小花梗细长,长 5~8 mm,分枝中央单生小花,有明显花梗;花黄绿色,4 枚,直径 7~8 mm;花萼较小,萼片长约 1.5 mm;花瓣长圆形,长约 3 mm;花盘小,直径约 2 mm,方形,四角略外伸,雄蕊即生在角上,花丝细弱,长 1~2 mm,花药近圆形,纵裂;子房四棱突出显著,与花盘几近等大,花柱短粗,柱头小而圆。蒴果近圆球状,直径 8~11 mm,3~4 心皮发育,果皮有深色细点,顶部有粗短宿存柱头;果序梗长 3~4 cm,小果梗长约 1 cm;种子每室 1,少为 2,悬垂室顶,长方椭圆状,近黑色,假种皮全包种子。花期 7 月,果期 10 月。

2)园林用途:适应性强,喜阴湿环境,园林中多用作绿篱和增界树,不仅适用于庭院、甬道、建筑物周围,也可用于主干道绿带。又因其对多种有毒气体抗性很强,并能吸收从而净化空气,抗烟吸尘,又是污染区理想的绿化树种。是绿篱、绿球、绿床、绿色模块、模纹造型等平面绿化的首选常绿树种。

胶东卫矛生长情况调查见表 5-81。

表 5-81 胶东卫矛生长情况调查表

生长情况				立地条件			光照条件		
高度/m	蓬径/m	修剪与否	长势	土壤			光照充足	半阴	阴
				壤土					
1.5~4.5	1~2.5	未修剪	良好	干旱	湿润	一般			√
					√				

（24）北海道黄杨。

1）性状：灌木，高可达 3 m；小枝四棱，具细微皱突。叶革质，有光泽，倒卵形或椭圆形，长 3～5 cm，宽 2～3 cm，先端圆阔或急尖，基部楔形，边缘具有浅细钝齿；叶柄长约 1 cm。聚伞花序 5～12 花，花序梗长 2～5 cm，2～3 次分枝，分枝及花序梗均扁状，第三次分枝常与小花梗等长或较短；小花梗长 3～5 mm；花白绿色，直径 5～7 mm；花瓣近卵圆形，长宽各约 2 mm，雄蕊花药长圆状，内向；花丝长 2～4 mm；子房每室 2 胚珠，着生中轴顶部。蒴果近球状，直径约 8 mm，淡红色；种子每室 1，顶生，椭圆状，长约 6 mm，直径约 4 mm，假种皮橘红色，全包种子。花期 6—7 月，果熟期 9—10 月。

2）园林用途：北海道黄杨适合于我国北方冬季寒冷、干旱的地区栽植，在城市庭院绿化中可以孤植、列植，亦可群植。其耐旱能力也优于普通的大叶黄杨；吸收有害气体的能力强，对二氧化硫、氢气、氟化氢等有害气体都有很强的抗性，可用于园林绿化建设。

北海道黄杨生长情况调查见表 5-82。

表 5-82　北海道黄杨生长情况调查表

生长情况				立地条件			光照条件		
高度/m	蓬径/m	修剪与否	长势	土壤			光照充足	半阴	阴
				壤土					
1～3	1～3.5	修剪	良好	干旱	湿润	一般	√		√
					√	√			

(25)木槿。

1)性状:落叶灌木,高 3～4 m,小枝密被黄色星状绒毛。叶菱形至三角状卵形,长 3～10 cm,宽 2～4 cm,具深浅不同的 3 裂或不裂,先端钝,基部楔形,边缘具不整齐齿缺,下面沿叶脉微被毛或近无毛;叶柄长 5～25 mm,上面被星状柔毛;托叶线形,长约 6 mm,疏被柔毛。花单生于枝端叶腋间,花梗长 4～14 mm,被星状短绒毛;小苞片 6～8,线形,长 6～15 mm,宽 1～2 mm,密被星状疏绒毛;花萼钟形,长 14～20 mm,密被星状短绒毛,裂片 5,三角形;花钟形,淡紫色,直径 5～6 cm,花瓣倒卵形,长 3.5～4.5 cm,外面疏被纤毛和星状长柔毛;雄蕊柱长约 3 cm;花柱枝无毛。蒴果卵圆形,直径约 12 mm,密被黄色星状绒毛;种子肾形,背部被黄白色长柔毛。花期 7—10 月。

2)园林用途:木槿是夏、秋季的重要观花灌木,南方多作花篱、绿篱,北方作庭园点缀及室内盆栽。木槿对二氧化硫与氯化物等有害气体具有很强的抗性,同时还具有很强的滞尘功能,是有污染工厂的主要绿化树种。

木槿生长情况调查见表 5-83。

表 5-83 木槿生长情况调查表

生长情况				立地条件			光照条件		
高度/m	蓬径/m	修剪与否	长势	土壤			光照充足	半阴	阴
				壤土					
2.5～4	1.5～3.5	未修剪	良好	干旱	湿润	一般	√		
						√			

（26）棣棠。

1）性状：落叶灌木，高 1～2 m，稀达 3 m；小枝绿色，圆柱形，无毛，常拱垂，嫩枝有棱角。叶互生，三角状卵形或卵圆形，顶端长渐尖，基部圆形、截形或微心形，边缘有尖锐重锯齿，两面绿色，上面无毛或有稀疏柔毛，下面沿脉或脉腋有柔毛；叶柄长 5～10 mm，无毛，托叶膜质，带状披针形，有缘毛，早落。单花，着生在当年生侧枝顶端，花梗无毛；花直径 2.5～6 cm；萼片卵状椭圆形，顶端急尖，有小尖头，全缘，无毛，果时宿存；花瓣黄色，宽椭圆形，顶端下凹，比萼片长 1～4 倍。瘦果倒卵形至半球形，褐色或黑褐色，表面无毛，有皱褶。花期 4—6 月，果期 6—8 月。

2）园林用途：在园林中可作树荫的绿化材料，如林缘、湖畔及建筑物和假山的北面等。常成行栽成花丛、花篱，与深色的背景相衬托，使鲜黄色花枝显得更加鲜艳。此外，还有金边棣棠花和银边棣棠花等变型，叶边呈黄色或白色，庭园栽培。花可药用。

棣棠生长情况调查见表 5-84。

表 5-84　棣棠生长情况调查表

生长情况				立地条件			光照条件		
高度/m	蓬径/m	修剪与否	长势	土壤			光照充足	半阴	阴
				壤土					
0.5～2	1～2	未修剪	良好	干旱	湿润	一般	√		
						√			

(27)洒金柏。

1)性状:洒金柏是侧柏的一个变种,短生密丛,树冠圆球至圆卵形,叶淡黄绿色,入冬略转褐色。喜光,幼时稍耐阴,适应性强,对土壤要求不严,在酸性、中性、石灰性和轻盐碱土壤中均可生长。耐干旱瘠薄,萌芽能力强,耐寒力一般。

2)园林用途:洒金柏树冠浑圆丰满,酷似绿球,叶色金黄,群植中混交一些观叶树种,交相辉映,艳丽夺目。夏绿冬青,不遮光线,不碍视野,尤其在雪中更显生机。洒金柏配植于草坪、花坛、山石、林下,可增加绿化层次,丰富观赏美感。

洒金柏生长情况调查见表5-85。

表5-85 洒金柏生长情况调查表

生长情况				立地条件			光照条件		
高度/m	蓬径/m	修剪与否	长势	土壤			光照充足	半阴	阴
				壤土					
				干旱	湿润	一般			
1.5~3.5	1~2	未修剪	良好			√	√		

5.3.1.5 南疆城镇园林植物——地被概况

南疆城镇园林植物——地被汇总见表5-86。

表 5 - 86　地被汇总表

序号	科	属	名　　　　称
1	毛茛科	芍药属	芍药(*Paeonia lactiflora Pall.*)
2	景天科	八宝属	八宝(*Hylotelephium erythrostictum*(*Miq.*)*H. Ohba*)
		红景天属	红景天(*Rhodiola rosea L*)
3	百合科	萱草属	大花萱草(*Hemerocallis middendorfii Trautv. et Mey.*)、萱草(金娃娃萱草)(*Hemerocallis fulva* (*L.*) *L.*)
4	美人蕉科	美人蕉属	美人蕉(*Canna indica L.*)
5	菊科	紫菀属	荷兰菊(*Aster novi - belgii*)
6	鸢尾科	鸢尾属	马蔺(*Iris lactea Pall. var. chinensis* (*Fisch.*) *Koidz.*)、准噶尔鸢尾(*Iris songarica*)、鸢尾(*Iris tectorum*)

5.3.1.6　南疆城镇园林植物——地被详情

(1)芍药。

1)性状:多年生草本。根粗壮,分枝黑褐色。茎高 40～70 cm,无毛。下部茎生叶为二回三出复叶,上部茎生叶为三出复叶;小叶狭卵形、椭圆形或披针形,顶端渐尖,基部楔形或偏斜,边缘具白色骨质细齿,两面无毛,背面沿叶脉疏生短柔毛。花数朵,生茎顶和叶腋,有时仅顶端一朵开放,而近顶端叶腋处有发育不好的花芽,直径 8～11.5 cm;苞片 4～5,披针形,大小不等;萼片 4,宽卵形或近圆形,长 1～1.5 cm,宽 1～1.7 cm;花瓣 9～13,倒卵形,长 3.5～6 cm,宽 1.5～4.5 cm,白色,有时基部具深紫色斑块;花丝长 0.7～1.2 cm,黄色;花盘浅杯状,包裹心皮基部,顶端裂片钝圆;心皮 4～5(～2),无毛。蓇葖长 2.5～3 cm,直径 1.2～1.5 cm,顶端具喙。花蕾形状有圆桃、平圆桃、扁圆桃、长圆桃、尖桃、歪尖桃、长尖桃、扁桃等。花期 5—6 月,果期 8 月。喜光照,耐旱。

2)园林用途:由于品种丰富,花色艳丽,在园林中常成片种植,是公园或花坛上的主要花卉。

芍药生长情况调查见表 5 - 87。

表 5-87　芍药生长情况调查表

生长情况				立地条件			光照条件		
株高/m	蓬径/m	修剪与否	长势	土壤			光照充足	半阴	阴
				壤土					
				干旱	湿润	一般			
0.4~0.7	0.5~0.8	未修剪	良好		√		√		

（2）八宝。

1）性状：多年生草本。块根胡萝卜状。茎直立，高 30~70 cm，不分枝。叶对生，少有互生或 3 叶轮生，长圆形至卵状长圆形，长 4.5~7 cm，宽 2~3.5 cm，先端急尖，钝，基部渐狭，边缘有疏锯齿，无柄。伞房状花序顶生；花密生，直径约 1 cm，花梗稍短或同长；萼片 5，卵形，长约 1.5 mm；花瓣 5，白色或粉红色，宽披针形，长 5~6 mm，渐尖；雄蕊 10 枚，与花瓣同长或稍短，花药紫色；鳞片 5，长圆状楔形，长约 1 mm，先端有微缺；心皮 5，直立，基部几分离。适应于在海拔 450~1 800 m 的山坡草地或沟边生长，性喜强光和干燥、通风良好的环境，能耐－20℃的低温。花期 8—10 月。

2）园林用途：片植地被。常用于布置花坛、花镜和点缀草坪。

八宝生长情况调查见表 5-88。

表 5-88　八宝生长情况调查表

生长情况				立地条件			光照条件		
株高/m	蓬径	修剪与否	长势	土壤			光照充足	半阴	阴
				壤土					
0.3～0.7	—	未修剪	良好	干旱	湿润	一般	√		
						√			

（3）红景天。

1）性状：多年生草本。根粗壮，直立。根茎短，先端被鳞片。花茎高 20～30 cm。叶疏生，长圆形至椭圆状倒披针形或长圆状宽卵形，长 7～35 mm，宽 5～18 mm，先端急尖或渐尖，全缘或上部有少数牙齿，基部稍抱茎。花序伞房状，密集多花，长约 2 cm，宽 3～6 cm；雌雄异株；萼片 4，披针状线形，长约 1 mm，钝；花瓣 4，黄绿色，线状倒披针形或长圆形，长约 3 mm，钝；雄花中雄蕊 8 枚，较花瓣长；鳞片 4，长圆形，长 1～1.5 mm，宽约 0.6 mm，上部稍狭，先端有齿状微缺；雌花中心皮 4，花柱外弯。蓇葖披针形或线状披针形，直立，长 6～8 mm，喙长约 1 mm；种子披针形，长约 2 mm，一侧有狭翅。花期 4—6 月，果期 7—9 月。生长在海拔 1 800～2 500 m 的高寒地带。因其生长环境恶劣，如缺氧、低温干燥、狂风、受紫外线照射、昼夜温差大，因而具有很强的生命力和特殊的适应性。

2）园林用途：片植地被。

红景天生长情况调查见表 5-89。

表 5-89　红景天生长情况调查表

生长情况				立地条件			光照条件		
株高/m	蓬径	修剪与否	长势	土壤			光照充足	半阴	阴
				壤土					
				干旱	湿润	一般			
0.2~0.3	—	未修剪	良好	√		√	√		

（4）大花萱草。

1）性状：根多少呈绳索状，粗 1.5~3 mm。叶长 50~80 cm，通常宽 1~2 cm，柔软，上部下弯。花葶与叶近等长，不分枝，在顶端聚生 2~6 朵花；苞片宽卵形，宽 1~2.5 cm，先端长渐尖至近尾状，全长 1.8~4 cm；花近簇生，具很短的花梗；花被金黄色或橘黄色；花被管长 1~1.7 cm，约 1/3~2/3 为苞片所包（最上部的花除外），花被裂片长 6~7.5 cm，内三片宽 1.5~2.5 cm。蒴果椭圆形，稍有三钝棱，长约 2 cm。花、果期 6—10 月。

2）园林用途：大花萱草苞片宽阔，花数朵近簇生于花葶顶端，花期长，花型多样，花色丰富，可谓色形兼备，集多方优势于一身，是园林绿化中的好材料。它不仅可以用在花坛、花境、路缘、草坪、树林、草坡等处营造自然景观，而且可以用作切花、盆花来美化家居环境。

大花萱草生长情况调查见表 5-90。

表 5-90　大花萱草生长情况调查表

生长情况				立地条件			光照条件		
株高/m	蓬径/m	修剪与否	长势	土壤			光照充足	半阴	阴
				壤土					
0.2～0.4	0.3～0.5	未修剪	良好	干旱	湿润	一般	√		
						√			

(5)萱草。

1)性状:属多年生草本,根状茎粗短,具肉质纤维根。萱草在我国有悠久的栽培历史,早在两千多年前的《诗经魏风》中就有记载。后来的许多植物学著作中,如《救荒本草》《花镜》《本草纲目》等多有记述。别名有鹿葱、川草花、忘郁、丹棘等。《花镜》中还首次记载了重瓣萱草,并指出它的花有毒,不可食用。由于长期的栽培,萱草的类型极多,如叶的宽窄、质地,花的色泽,花被管的长短,花被裂片的宽窄等变异很大,不易划分,加上各地常有栽培后逸为野生的,分布区也难以判断。

2)园林用途:病虫害少,在中性、偏碱性土壤中均能生长良好,性耐寒。适应在海拔 300～2 500 m 生长。可片植、花坛、饰边。

萱草生长情况调查见表 5-91。

表 5-91　萱草生长情况调查表

生长情况				立地条件			光照条件		
株高/m	蓬径/m	修剪与否	长势	土壤			光照充足	半阴	阴
				壤土					
				干旱	湿润	一般			
0.15~0.3	0.2~0.35	未修剪	良好	✓		✓	✓		

（6）美人蕉。

1）性状：植株全部绿色，高可达 1.5 m。繁殖方法有播种法、分根法和分株法。主要品种有红花美人蕉、黄花美人蕉、双色鸳鸯美人蕉。叶片卵状长圆形，长 10~30 cm，宽达 10 cm。总状花序疏花；略超出于叶片之上；花红色，单生；苞片卵形，绿色，长约 1.2 cm；萼片 3，披针形，长约 1 cm，绿色而有时染红；花冠管长不及 1 cm，花冠裂片披针形，长 3~3.5 cm，绿色或红色；外轮退化雄蕊 2~3 枚，鲜红色，其中 2 枚倒披针形，长 3.5~4 cm，宽 5~7 mm，另一枚如存在，则特别小，长约 1.5 cm，宽仅约 1 mm；唇瓣披针形，长约 3 cm，弯曲；发育雄蕊长约 2.5 cm，花药室长约 6 mm；花柱扁平，长约 3 cm，一半和发育雄蕊的花丝合连。蒴果绿色，长卵形，有软刺，长 1.2~1.8 cm。花、果期3—12月。

2）园林用途：喜温暖和充足的阳光，不耐寒。对土壤要求不严，在疏松肥沃、排水良好的沙土壤中生长最佳，也适应于肥沃黏质土壤生长。美人蕉花大色艳、色彩丰富，株形好，栽培容易。现在培育出许多优良品种，观赏价值很高，可盆栽、丛植、片植，也可地栽，装饰花坛。

美人蕉生长情况调查见表 5-92。

表 5 - 92　美人蕉生长情况调查表

生长情况				立地条件			光照条件		
株高/m	蓬径/m	修剪与否	长势	土壤			光照充足	半阴	阴
				壤土					
				干旱	湿润	一般			
0.5～1.5	0.15～0.3	未修剪	良好		√		√		

（7）荷兰菊。

1）性状：荷兰菊为菊科多年生宿根草本花卉，株高 50～100 cm。荷兰菊可以播种繁殖、分蘖繁殖、扦插繁殖、嫁接繁殖。有地下走茎，茎丛生、多分枝，叶呈线状披针形，光滑，幼嫩时微呈紫色，在枝顶形成伞状花序，花色有紫红色、白色、蓝紫色或粉色，花期 10 月。

2）园林用途：荷兰菊性喜阳光充足和通风的环境，适应性强，喜湿润，亦耐干旱，耐寒，耐瘠薄，对土壤要求不严，适宜在肥沃和疏松的沙质土壤生长。荷兰菊适于盆栽供室内观赏和布置花坛、花境等。更适合做花篮、插花的配花。荷兰菊已经成为装点家居的好帮手。

荷兰菊生长情况调查见表 5 - 93。

表 5-93 荷兰菊生长情况调查表

生长情况				立地条件			光照条件		
株高/m	蓬径/m	修剪与否	长势	土壤			光照充足	半阴	阴
				沙土					
				干旱	湿润	一般	√		
0.5~1	0.2~0.3	未修剪	良好	√					

(8)马蔺。

1)性状:多年生密丛草本。根状茎粗壮,木质,斜伸,外包有大量致密的红紫色折断的老叶残留叶鞘及毛发状的纤维;须根粗而长,黄白色,少分枝。叶基生,坚韧,灰绿色,条形或狭剑形,长约50 cm,宽4~6 mm,顶端渐尖,基部鞘状,带红紫色,无明显的中脉。花茎光滑,高3~10 cm;苞片3~5枚,草质,绿色,边缘白色,披针形,长4.5~10 cm,宽0.8~1.6 cm,顶端渐尖或长渐尖,内包含有2~4朵花;花乳白色,直径5~6 cm;花梗长4~7 cm;花被管甚短,长约3 mm,外花被裂片倒披针形,长4.5~6.5 cm,宽0.8~1.2 cm,顶端钝或急尖,爪部楔形,内花被裂片狭倒披针形,长4.2~4.5 cm,宽5~7 mm,爪部狭楔形;雄蕊长2.5~3.2 cm,花药黄色,花丝白色;子房纺锤形,长3~4.5 cm。蒴果长椭圆状柱形,长4~6 cm,直径1~1.4 cm,有6条明显的肋,顶端有短喙;种子为不规则的多面体,棕褐色,略有光泽。花期5—6月,果期6—9月。

2)园林用途:马蔺根系发达,抗性和适应性极强,耐盐碱,可作为水土保持和固土护坡植物、观赏地被植物。

马蔺生长情况调查见表5-94。

表 5-94　乡土树种马蔺生长情况调查表

生长情况				立地条件			光照条件		
株高/m	蓬径/m	修剪与否	长势	土壤			光照充足	半阴	阴
				壤土					
0.3～0.7	0.15～0.5	未修剪	良好	干旱	湿润	一般	√		
				√		√			

(9)准噶尔鸢尾。

1)性状:多年生密丛草本,植株基部围有棕褐色折断的老叶叶鞘。地下生有不明显的木质、块状的根状茎,棕黑色;须根棕褐色,上下近于等粗。叶灰绿色,条形,花期叶较花茎短,长 15～23 cm,宽 2～3 mm,果期叶比花茎高,长 70～80 cm,宽 0.7～1 cm,有 3～5 条纵脉。花茎高 25～50 cm,光滑,生有 3～4 枚茎生叶;花下苞片 3 枚,草质,绿色,边缘膜质,颜色较淡,长 7～14 cm,宽 1.8～2 cm,顶端短渐尖,内包含有 2 朵花;花梗长约 4.5 cm;花蓝色,直径 8～9 cm;花被管长 5～7 mm,外花被裂片提琴形,长 5～5.5 cm,宽约 1 cm,上部椭圆形或卵圆形,爪部近披针形,内花被裂片倒披针形,长约 3.5 cm,宽约 5 mm,直立;雄蕊长约 2.5 cm,花药褐色;花柱分枝长约 3.5 cm,宽约 1 cm,顶端裂片狭三角形,子房纺锤形,长约 2.5 cm。蒴果三棱状卵圆形,长 4～6.5 cm,直径 1.5～2 cm,顶端有长喙,果皮革质,网脉明显,成熟时自顶端沿室背开裂至 1/3 处;种子棕褐色,梨形,无附属物,表面略皱缩。花期 6—7 月,果期 8—9 月。

2)园林用途:生于向阳的高山草地、坡地及石质山坡。片植、饰边。

准噶尔鸢尾生长情况调查见表 5-95。

表 5-95　乡土树种准噶尔鸢尾生长情况调查表

生长情况				立地条件			光照条件		
株高/m	蓬径/m	修剪与否	长势	土壤			光照充足	半阴	阴
				砂砾土					
0.2~0.7	0.4~0.8	未修剪	良好	干旱	湿润	一般	√		
						√			

(10)鸢尾。

1)性状:多年生草本,植株基部围有老叶残留的膜质叶鞘及纤维。根状茎粗壮,二歧分枝,直径约 1 cm,斜伸;须根较细而短。叶基生,黄绿色,稍弯曲,中部略宽,宽剑形,长 15~50 cm,宽 1.5~3.5 cm,顶端渐尖或短渐尖,基部鞘状,有数条不明显的纵脉。花茎光滑,高 20~40 cm,顶部常有 1~2 个短侧枝,中、下部有 1~2 枚茎生叶;苞片 2~3 枚,绿色,草质,边缘膜质,色淡,披针形或长卵圆形,长 5~7.5 cm,宽 2~2.5 cm,顶端渐尖或长渐尖,内包含有 1~2 朵花;花蓝紫色,直径 10 cm;花梗甚短;花被管细长,长约 3 cm,上端膨大成喇叭形,外花被裂片圆形或宽卵形,长 5~6 cm,宽约 4 cm,顶端微凹,爪部狭楔形,中脉上有不规则的鸡冠状附属物,成不整齐的繸状裂,内花被裂片椭圆形,长 4.5~5 cm,宽约 3 cm,花盛开时向外平展,爪部突然变细;雄蕊长约 2.5 cm,花药鲜黄色,花丝细长,白色;花柱分枝扁平,淡蓝色,长约 3.5 cm,顶端裂片近四方形,有疏齿,子房纺锤状圆柱形,长 1.8~2 cm。蒴果长椭圆形或倒卵形,长 4.5~6 cm,直径 2~2.5 cm,有 6 条明显的肋,成熟时自上而下

3 瓣裂;种子黑褐色,梨形,无附属物。花期 4—5 月,果期 6—8 月。

2)园林用途:片植、饰边。

鸢尾生长情况调查见表 5-96。

表 5-96　乡土树种鸢尾生长情况调查表

生长情况				立地条件			光照条件		
株高/m	蓬径/m	修剪与否	长势	土壤			光照充足	半阴	阴
				黏土					
				干旱	湿润	一般			
0.2~0.5	0.3~0.7	未修剪	良好		√		√	√	

5.3.1.7　南疆城镇园林植物——藤本概况

南疆城镇园林植物——藤本汇总见表 5-97。

表 5-97　藤本汇总表

序号	科	属	名　　称
1	葡萄科	地锦属	五叶地锦(*Parthenocissus quinquefolia*(L.)*Planch.*)
		葡萄属	葡萄(*Vitis vinifera L*)
2	桑科	葎草属	啤酒花(*Humulus lupulus*)

5.3.1.8　南疆城镇园林植物——藤本详情

(1)五叶地锦。

1)性状:木质藤本。小枝圆柱形,无毛。卷须总状 5~9 分枝,相隔 2 节间断与叶对生,卷须顶端嫩时尖细卷曲,后遇附着物扩大成吸盘。叶为掌状 5 小叶,小叶倒卵圆形、倒卵椭圆形或外侧小叶椭圆形,长 5.5~15 cm,宽 3~

9 cm,最宽处在上部(外侧小叶最宽处在近中部),顶端短尾尖,基部楔形或阔楔形,边缘有粗锯齿,上面绿色,下面浅绿色,两面均无毛或下面脉上微被疏柔毛;侧脉5～7对,网脉两面均不明显突出;叶柄长5～14.5 cm,无毛,小叶有短柄或几无柄。花序假顶生形成主轴明显的圆锥状多歧聚伞花序,长8～20 cm;花序梗长3～5 cm,无毛;花梗长1.5～2.5 mm,无毛;花蕾椭圆形,高2～3 mm,顶端圆形;萼碟形,边缘全缘,无毛;花瓣5,长椭圆形,高1.7～2.7 mm,无毛;雄蕊5枚,花丝长0.6～0.8 mm,花药长椭圆形,长1.2～1.8 mm;花盘不明显;子房卵锥形,渐狭至花柱,或后期花柱基部略微缩小,柱头不扩大。果实球形,直径1～1.2 cm,有种子1～4颗;种子倒卵形,顶端圆形,基部急尖成短喙,种脐在种子背面中部呈近圆形,腹部中棱脊突出,两侧洼穴呈沟状,从种子基部斜向上达种子顶端。花期6-7月,果期8-10月。

2)园林用途:蔓茎纵横,密布气根,翠叶遍盖如屏,秋后入冬,叶色变红或黄,十分艳丽,是垂直绿化主要树种之一。适于配植宅院墙壁、围墙、庭园入口处、桥头石块等处。对于条件恶劣地带,亦可让其匍匐于地面,充当地被植物。

五叶地锦生长情况调查见表5-98。

表5-98　五叶地锦生长情况调查表

长势	立地条件			光照条件		
良好	土壤			光照充足	半阴	阴
	壤土					
	干旱	湿润	一般	√	√	
			√			

（2）葡萄。

1）性状：木质藤本。小枝圆柱形，有纵棱纹，无毛或被稀疏柔毛。卷须 2 叉分枝，每隔 2 节间断与叶对生。叶卵圆形，显著 3～5 浅裂或中裂，长 7～18 cm，宽 6～16 cm，中裂片顶端急尖，裂片常靠合，基部常缢缩，裂缺狭窄，间或宽阔，基部深心形，基缺凹成圆形，两侧常靠合，边缘有 22～27 个锯齿，齿深而粗大，不整齐，齿端急尖，上面绿色，下面浅绿色，无毛或被疏柔毛；基生脉 5 出，中脉有侧脉 4～5 对，网脉不明显突出；叶柄长 4～9 cm，几无毛；托叶早落。圆锥花序密集或疏散，多花，与叶对生，基部分枝发达，长 10～20 cm，花序梗长 2～4 cm，几无毛或疏生蛛丝状绒毛；花梗长 1.5～2.5 mm，无毛；花蕾倒卵圆形，高 2～3 mm，顶端近圆形；萼浅碟形，边缘呈波状，外面无毛；花瓣 5，呈帽状黏合脱落；雄蕊 5 枚，花丝丝状，长 0.6～1 mm，花药黄色，卵圆形，长 0.4～0.8 mm，在雌花内显著短而败育或完全退化；花盘发达，5 浅裂；雌蕊 1 枚，在雄花中完全退化，子房卵圆形，花柱短，柱头扩大。果实球形或椭圆形，直径 1.5～2 cm；种子倒卵椭圆形，顶端近圆形，基部有短喙，种脐在种子背面中部呈椭圆形，种脊微突出，腹面中棱脊突起，两侧洼穴宽沟状，向上达种子 1/4 处。花期 4—5 月，果期 8—9 月。

2）园林用途：用于攀援花架或篱棚，多用于垂直绿化。

葡萄生长情况调查见表 5－99。

表 5－99　乡土树种葡萄生长情况调查表

长势	立地条件				光照条件		
良好	土壤				光照充足	半阴	阴
	壤土						
	干旱	湿润	一般		√		
			√				

（3）啤酒花。

1）性状：多年生攀援草本，茎、枝和叶柄密生绒毛和倒钩刺。叶卵形或宽卵形，长 4～11 cm，宽 4～8 cm，先端急尖，基部心形或近圆形，不裂或 3～5 裂，边缘具粗锯齿，表面密生小刺毛，背面疏生小毛和黄色腺点；叶柄长不超过叶片。雄花排列为圆锥花序，花被片与雄蕊均为 5；雌花每两朵生于一苞片腋间；苞片呈覆瓦状排列为一近球形的穗状花序。果穗球果状，直径 3～4 cm；宿存苞片干膜质，果实增大，长约 1 cm，无毛，具油点。瘦果扁平，每苞腋 1～2 个，内藏。花期秋季。喜冷凉，耐寒，畏热，生长适温 14～25℃，要求无霜期 120 天左右。喜光，长日照植物。

2）园林用途：啤酒花不择土壤，但以土层深厚、疏松、肥沃、通气性良好的壤土为宜，中性或微碱性土壤均可。用于攀援花架或篱棚，多用于垂直绿化。

啤酒花生长情况调查见表 5-100。

表 5-100 乡土树种啤酒花生长情况调查表

长势	立地条件			光照条件		
	土壤			光照充足	半阴	阴
	壤土					
不好	干旱	湿润	一般	√		
	√					

5.3.2 实地调查

5.3.2.1 气候调查

收集研究区域气象资料，昆玉市典型绿地景观和生态植被进行定位数据分析,主要观测环境温度、环境湿度、土壤水分、土壤温度、风速、风向、降雨量等气候七要素。

5.3.2.2　土壤调查与实验

以研究区域及周边不同功能景观中典型的公园或绿地中的城市土壤为研究对象,选取具有代表性的公园或绿地。考虑到城市土壤高度时空变异性,首先采取土钻网格法预采样(即将每个公园或绿地分成若干大小等同的方格,在每个方格用土钻预采样,判别土样差异性大小,确定采样点),在每个典型的公园或绿地选择 1~3 个有代表性的剖面,同时用土钻在辅助点采样。以中科院南京土壤研究所土壤系统分类课题组编写的《土壤野外描述、水热动态观测方法及土壤信息系统》为参考基准,结合城市土壤的特性进行形态描述。

5.3.2.3　绿化植被种类、生长状况、配置模式调查

对研究区域内的野生植物种类及城镇中道路、居住区、公园、广场、城市外围防护等绿地中的植物展开调查,区分乡土植物、地带性植物及野生植物种类、生长状况,并记录植物配置的模式。

5.3.3　树种筛选研究过程与结果

5.3.3.1　干旱区城镇树种筛选指标体系的建立

运用层次分析法对干旱区城镇园林绿化树种进行评价分析,对所选指标采取了定量与定性相结合的评价方法。

(1)确定评价因子。根据干旱区的自然概况,分析干旱区绿化树种的影响因子。对南疆常用园林树种的适应能力、观赏特性和绿化效果三个方面分析,确定适用于干旱区的绿化树种评价因素见表 5-101。

表 5-101　干旱区绿化树种评价指标

目标层(A)	准则层(B)	因子层(C)
		喜光性(C1)
		耐水湿性(C2)
绿化树种 综合评价(A)	适应能力(B1)	耐干旱瘠薄性(C3)
		抗寒性(C4)
		抗风性(C5)

目标层（A）	准则层（B）	因子层（C）
绿化树种 综合评价（A）	观赏性能（B2）	树形（C6）
		枝干形态（C7）
		叶（C8）
		花（C9）
		果实（C10）
	绿化效果（B3）	冠幅（C11）
		胸径/地径（C12）
		叶量（C13）

（2）拟定评分标准。拟定了评价因子由好到差的 15、10、5 的 3 级评分标准，见表 5 - 102。其中，B3 层指标分为乔木层和灌木层两种评价指标和标准。

（3）建立树种评价体系。通过各项指标的综合评价，对西北干旱区常用绿化树种的特性有一个综合、全面的认识，并得出各种树种的综合评价分数，建立合理而完整的树种评价体系。

表 5 - 102　各评价因子评分标准

编号	评价因子	指标描述
C1	喜光性	阳性树种,喜光（15 分） 中性树种,较喜光,也耐阴（10 分） 阴性树种,忌阳光直射（5 分）
C2	耐水湿性	抗水湿能力强（15 分） 较耐水湿,喜湿润土壤（10 分） 不耐水湿,遇水湿易生长不良,甚至死亡（5 分）
C3	耐干旱瘠薄性	抗干旱、抗土壤瘠薄能力强,能生长发育良好（15 分） 耐土壤干旱瘠薄,生长发育一般（10 分） 在干旱、瘠薄土壤环境中生长发育不良,甚至死亡（5 分）
C4	抗寒性	无寒害（15 分） 抗寒性一般,特殊年份枝条受寒害（10 分） 抗寒性差,主干易受冻害（5 分）

编号	评价因子	指标描述
C5	抗风性	抗风性强(15 分)
		抗风性一般(10 分)
		抗风性较差,遇风暴树干有损害(5 分)
C6	树形	整体造型美观,树冠整齐(15 分)
		造型较完整(10 分)
		树木造型一般,不美观(5 分)
C7	枝干形态	树干笔直,圆满,树皮奇特、美观(15 分)
		树干较直,较圆满,树皮美观(10 分)
		树干有明显弯曲(5 分)
C8	叶	叶形奇特、美丽,色叶树种(15 分)
		叶形一般,常绿;或叶形奇特,秋冬落叶(10 分)
		叶形一般,秋冬落叶(5 分)
C9	花	花大色艳,有香气,花期长(15 分)
		花型一般,颜色一般,花期较长(10 分)
		花小色淡,花期短(5 分)
C10	果实	果型奇特,颜色鲜艳,果实饱满(15 分)
		果实颜色一般,形态饱满(10 分)
		果实色淡,果实干瘪(5 分)
C11	冠幅	冠幅≥6m;冠幅为 3～<4m(15 分)
		冠幅为 4～<6m;冠幅为 2～<3m(10 分)
		冠幅为 1～<2m(5 分)
C12	胸径/地径	胸径≥20 cm;地径为 10～12 cm(15 分)
		胸径为 8～<20 cm;地径为 7～<10 cm(10 分)
		胸径为 1～<8 cm;地径为 4～<7 cm(5 分)
C13	叶量	叶量茂盛(15 分)
		叶量较多(10 分)
		叶量较少(5 分)

（4）计算各项因子的权重值。将各层次用矩形阵列的方法计算各权重值

（见表 5 - 103），其中，B1 的一致性指标 CR＝0.052 4，B2 的一致性指标 CR＝0.017 7，B3 的一致性指标 CR＝0.071 0。

表 5 - 103　准则层与因子层各指标的权重

目标层（A）	权重	准则层（B）	权重	因子层（C）	权重	C 层总权重值排序
绿化树种综合评价（A）	1	适应能力（B1）	0.614 4	喜光性（C1）	0.033 5	0.020 6
				耐水湿性（C2）	0.224 9	0.138 2
				耐干旱瘠薄性（C3）	0.459 3	0.282 2
				抗寒性（C4）	0.153 9	0.094 6
				抗风性（C5）	0.128 3	0.078 8
		观赏性能（B2）	0.268 4	树形（C6）	0.495 6	0.133 0
				枝干形态（C7）	0.232 9	0.062 5
				叶（C8）	0.061 5	0.016 5
				花（C9）	0.148 7	0.039 9
				果实（C10）	0.061 4	0.016 5
		绿化效果（B3）	0.117 2	冠幅（C11）	0.614 4	0.065 4
				胸径/地径（C12）	0.268 4	0.014 3
				叶量（C13）	0.117 2	0.037 5

权重值的大小反映了评判者对各个评价因子的重视程度。

（5）树种评价计算方程。根据表 5 - 103 各指标权重值，得到干旱区绿化树种综合评价计算方程为

$$V = 0.0206C1 + 0.1382C2 + 0.2822C3 + 0.0946C4 + 0.0788C5 + 0.1330C6 + 0.0625C7 + 0.0165C8 + 0.0399C9 + 0.0165C10 + 0.0654C11 + 0.0143C12 + 0.0375C13$$

（6）筛选出适合南疆城镇的树种。筛选出符合南疆城镇的生态条件且综合评价较好的新优树种，以便进行科学合理的布局，使其最大限度地发挥各方面的效益。

5.3.3.2　昆玉市绿化土壤理化性质实验过程及结果

（1）实验过程。

1）实验目的与意义。土壤是植物生长的基质。通过样点绿地土壤检测分析其营养成分，了解土壤肥力、土壤含水量、持水能力以及酸碱度。根据分析

的结果和现状植物生长状况,判断植物生长与土壤条件的关系,为选择适宜生长的植物和土壤改良提供科学依据。根据土壤的特性选择合适的植物进行优化,也为研究土壤与植物之间长期存在的相互关系提供数据。

2）实验仪器与试剂:原子吸收光谱仪、硝酸、氢氟酸、高氯酸等。

3）实验步骤:土壤样品的预处理—土壤试液的制备—标准曲线的绘制—土壤样品的测定。

本实验采用标准曲线法,按绘制标准曲线条件测定试样溶液的吸光度,扣除全程序空白吸光度,从标准曲线上查得并计算元素的含量。

(2)实验结果及分析。

1）样地一土壤理化特性见表 5-104。样地位置:中环路北侧道路。

表 5-104　样地一土壤理化性质

项目名称	计量单位	检验结果	等级	备注
碱解氮	mg/kg	5.0		养分等级
速效磷	mg/kg	5.4		养分等级
速效钾	mg/kg	185.4		养分等级
有机质	g/kg	1.3	极低	养分等级
pH		7.3	弱碱性	盐碱度分级
含盐量	%	0.15	非盐渍化土	盐渍化等级

2）样地二土壤理化特性见表 5-105。样地位置:315 国道北侧城市西侧边界道路。

表 5-105　样地二土壤理化性质

项目名称	计量单位	检验结果	等级	备注
碱解氮	mg/kg	74.7		养分等级
速效磷	mg/kg	82.3		养分等级
速效钾	mg/kg	834.3		养分等级
有机质	g/kg	1.7	极低	养分等级
pH		8.2	弱碱性	盐碱度分级
含盐量	%	1.09	轻度盐渍化	盐渍化等级

3）样地三土壤理化特性见表 5-106。样地位置:铁路北侧,88 号电线杆西边。

表 5-106　样地三土壤理化性质

项目名称	计量单位	检验结果	等级	备注
碱解氮	mg/kg	22.6		养分等级
速效磷	mg/kg	0.9		养分等级
速效钾	mg/kg	288.4		养分等级
有机质	g/kg	1.1	极低	养分等级
pH		8.0	弱碱性	盐碱度分级
含盐量	%	0.90	轻度盐渍化	盐渍化等级

4)样地四土壤理化特性见表 5-107。样地位置:龙锦小区 4 号楼东侧。

表 5-107　样地四土壤理化性质

项目名称	计量单位	检验结果	等级	备注
碱解氮	mg/kg	4.4		养分等级
速效磷	mg/kg	10.3		养分等级
速效钾	mg/kg	144.2		养分等级
有机质	g/kg	3.7	极低	养分等级
pH		7.9	弱碱性	盐碱度分级
含盐量	%	0.16	非盐渍化土	盐渍化等级

5)样地五土壤理化特性见表 5-108。样地位置:昆玉大道与军垦路口(南侧)。

表 5-108　样地五土壤理化性质

项目名称	计量单位	检验结果	等级	备注
碱解氮	mg/kg	2.9		养分等级
速效磷	mg/kg	2.3		养分等级
速效钾	mg/kg	123.6		养分等级
有机质	g/kg	0.9	极低	养分等级
pH		7.7	弱碱性	盐碱度分级
含盐量	%	0.11	非盐渍化土	盐渍化等级

6)样地六土壤理化特性见表 5-109。样地位置:迎宾路北端。

表 5-109　样地六土壤理化性质

项目名称	计量单位	检验结果	等级	备注
碱解氮	mg/kg	18.6		养分等级
速效磷	mg/kg	6.3		养分等级
速效钾	mg/kg	103.0		养分等级
有机质	g/kg	7.2	低	养分等级
pH		8.1	弱碱性	盐碱度分级
含盐量	%	0.17	非盐渍化土	盐渍化等级

7)样地七土壤理化特性见表 5-110。样地位置:建新路(东)北侧。

表 5-110　样地七土壤理化性质

项目名称	计量单位	检验结果	等级	备注
碱解氮	mg/kg	11.0		养分等级
速效磷	mg/kg	1.4		养分等级
速效钾	mg/kg	185.4		养分等级
有机质	g/kg	3.0	极低	养分等级
pH		7.8	弱碱性	盐碱度分级
含盐量	%	0.22	非盐渍化土	盐渍化等级

8)样地八土壤理化特性见表 5-111。样地位置:监狱门口,下层红色地块。

表 5-111　样地八土壤理化性质

项目名称	计量单位	检验结果	等级	备注
碱解氮	mg/kg	17.6		养分等级
速效磷	mg/kg	6.8		养分等级
速效钾	mg/kg	484.1		养分等级
有机质	g/kg	1.5	极低	养分等级
pH		8.2	弱碱性	盐碱度分级
含盐量	%	0.40	非盐渍化土	盐渍化等级

9)样地九土壤理化特性见表 5-112。样地位置:315 国道南侧,洪水沟西侧 50 m。

表 5-112　样地九土壤理化性质

项目名称	计量单位	检验结果	等级	备注
碱解氮	mg/kg	38.5		养分等级
速效磷	mg/kg	3.6		养分等级
速效钾	mg/kg	463.5		养分等级
有机质	g/kg	14.7	高	养分等级
pH		8.3	弱碱性	盐碱度分级
含盐量	%	0.77	非盐渍化土	盐渍化等级

10)样地十土壤理化特性见表 5-113。样地位置:昆玉大道东端,南侧。

表 5-113　样地十土壤理化性质

项目名称	计量单位	检验结果	等级	备注
碱解氮	mg/kg	1.8		养分等级
速效磷	mg/kg	7.6		养分等级
速效钾	mg/kg	113.3		养分等级
有机质	g/kg	4.3	极低	养分等级
pH		8.7	弱碱性	盐碱度分级
含盐量	%	0.02	非盐渍化土	盐渍化等级

11)样地十一土壤理化特性见表 5-114。样地位置:315国道南侧,城市西侧边界道路。

表 5-114　样地十一土壤理化性质

项目名称	计量单位	检验结果	等级	备注
碱解氮	mg/kg	24.1		养分等级
速效磷	mg/kg	2.3		养分等级
速效钾	mg/kg	339.9		养分等级
有机质	g/kg	1.2	极低	养分等级
pH		8.3	弱碱性	盐碱度分级
含盐量	%	1.30	轻度盐渍化土	盐渍化等级

12)样地十二土壤理化特性,见表 5-115。样地位置:建设路,乌鲁瓦提路西。

表 5-115　样地十二土壤理化性质

项目名称	计量单位	检验结果	等级	备注
碱解氮	mg/kg	2.2		养分等级
速效磷	mg/kg	1.8		养分等级
速效钾	mg/kg	206.0		养分等级
有机质	g/kg	0.3	极低	养分等级
pH		8.1	弱碱性	盐碱度分级
含盐量	%	0.21	非盐渍化土	盐渍化等级

13)样地十三土壤理化特性见表 5-116。样地位置:昆玉大道—火车道—维道。

表 5-116　样地十三土壤理化性质

项目名称	计量单位	检验结果	等级	备注
碱解氮	mg/kg	1.7		养分等级
速效磷	mg/kg	17.0		养分等级
速效钾	mg/kg	360.5		养分等级
有机质	g/kg	2.6	极低	养分等级
pH		8.0	弱碱性	盐碱度分级
含盐量	%	0.13	非盐渍化土	盐渍化等级

14)样地十四土壤理化特性见表 5-117。样地位置:315 国道北侧职业学校西南端。

表 5-117　样地十四土壤理化性质

项目名称	计量单位	检验结果	等级	备注
碱解氮	mg/kg	21.8		养分等级
速效磷	mg/kg	1.4		养分等级
速效钾	mg/kg	391.4		养分等级
有机质	g/kg	1.8	极低	养分等级
pH		8.6	弱碱性	盐碱度分级
含盐量	%	1.09	轻度盐渍化土	盐渍化等级

15)样地十五土壤理化特性见表 5-118。样地位置:家乐兴业电器,国道南。

表 5-118 样地十五土壤理化性质

项目名称	计量单位	检验结果	等级	备注
碱解氮	mg/kg	1.5		养分等级
速效磷	mg/kg	4.1		养分等级
速效钾	mg/kg	164.8		养分等级
有机质	g/kg	0.3	极低	养分等级
pH		8.5	弱碱性	盐碱度分级
含盐量	%	0.09	非盐渍化土	盐渍化等级

16)样地十六土壤理化特性见表 5-119。样地位置:(工厂附近)66 号电线杆,铁路北侧(工业园)。

表 5-119 样地十六土壤理化性质

项目名称	计量单位	检验结果	等级	备注
碱解氮	mg/kg	5.9		养分等级
速效磷	mg/kg	5.4		养分等级
速效钾	mg/kg	288.4		养分等级
有机质	g/kg	1.8	极低	养分等级
pH		8.3	弱碱性	盐碱度分级
含盐量	%	0.35	非盐渍化土	盐渍化等级

17)样地十七土壤理化特性见表 5-120。样地位置:昆玉大道西端北侧。

表 5-120 样地十七土壤理化性质

项目名称	计量单位	检验结果	等级	备注
碱解氮	mg/kg	1.7		养分等级
速效磷	mg/kg	16.1		养分等级
速效钾	mg/kg	92.7		养分等级
有机质	g/kg	2.1	极低	养分等级
pH		8.4	弱碱性	盐碱度分级
含盐量	%	0.05	非盐渍化土	盐渍化等级

18)样地十八土壤理化特性见表 5-121。样地位置:家乐兴业电器,国道北。

表 5 - 121 样地十八土壤理化性质

项目名称	计量单位	检验结果	等级	备注
碱解氮	mg/kg	0.8		养分等级
速效磷	mg/kg	10.8		养分等级
速效钾	mg/kg	123.6		养分等级
有机质	g/kg	6.2	低	养分等级
pH		8.3	弱碱性	盐碱度分级
含盐量	%	0.02	非盐渍化土	盐渍化等级

19)样地十九土壤理化特性见表 5 - 122。样地位置:41 社区,南侧道路。

表 5 - 122 样地十九土壤理化性质

项目名称	计量单位	检验结果	等级	备注
碱解氮	mg/kg	1.0		养分等级
速效磷	mg/kg	4.1		养分等级
速效钾	mg/kg	123.6		养分等级
有机质	g/kg	1.9	极低	养分等级
pH		8.1	弱碱性	盐碱度分级
含盐量	%	0.05	非盐渍化土	盐渍化等级

20)样地二十土壤理化特性见表 5 - 123。样地位置:老村小树林。

表 5 - 123 样地二十土壤理化性质

项目名称	计量单位	检验结果	等级	备注
碱解氮	mg/kg	6.0		养分等级
速效磷	mg/kg	4.1		养分等级
速效钾	mg/kg	216.3		养分等级
有机质	g/kg	5.5	极低	养分等级
pH		7.9	弱碱性	盐碱度分级
含盐量	%	0.29	非盐渍化土	盐渍化等级

21)样地二十一土壤理化特性见表 5 - 124。样地位置:中环路,铁路北侧。

表 5-124　样地二十一土壤理化性质

项目名称	计量单位	检验结果	等级	备注
碱解氮	mg/kg	14.2		养分等级
速效磷	mg/kg	0.9	低	养分等级
速效钾	mg/kg	288.4		养分等级
有机质	g/kg	15.3	高	养分等级
pH		8.2	弱碱性	盐碱度分级
含盐量	%	0.43	非盐渍化土	盐渍化等级

22)样地二十二土壤理化特性见表 5-125。样地位置:工业北二路。

表 5-125　样地二十二土壤理化性质

项目名称	计量单位	检验结果	等级	备注
碱解氮	mg/kg	22.7		养分等级
速效磷	mg/kg	8.5		养分等级
速效钾	mg/kg	391.4		养分等级
有机质	g/kg	1.7	极低	养分等级
pH		8.6	弱碱性	盐碱度分级
含盐量	%	0.58	非盐渍化土	盐渍化等级

23)样地二十三土壤理化特性见表 5-126。样地位置:315 国道北侧,洪水沟西侧 50 m。

表 5-126　样地二十三土壤理化性质

项目名称	计量单位	检验结果	等级	备注
碱解氮	mg/kg	13.6		养分等级
速效磷	mg/kg	6.3		养分等级
速效钾	mg/kg	298.7		养分等级
有机质	g/kg	0.7	极低	养分等级
pH		8.6	弱碱性	盐碱度分级
含盐量	%	0.46	非盐渍化土	盐渍化等级

24)样地二十四土壤理化特性见表 5-127。样地位置:龙锦小区 15 号楼东侧。

表 5-127　样地二十四土壤理化性质

项目名称	计量单位	检验结果	等级	备注
碱解氮	mg/kg	1.0		养分等级
速效磷	mg/kg	24.2		养分等级
速效钾	mg/kg	216.3		养分等级
有机质	g/kg	2.1	极低	养分等级
pH		8.5	弱碱性	盐碱度分级
含盐量	%	0.05	非盐渍化土	盐渍化等级

25)样地二十五土壤理化特性见表 5-128。样地位置:铁路桥头南片区,预制厂西北。

表 5-128　样地二十五土壤理化性质

项目名称	计量单位	检验结果	等级	备注
碱解氮	mg/kg	24.9		养分等级
速效磷	mg/kg	1.4		养分等级
速效钾	mg/kg	504.7		养分等级
有机质	g/kg	1.8	极低	养分等级
pH		8.9	弱碱性	盐碱度分级
含盐量	%	0.82	非盐渍化土	盐渍化等级

26)样地二十六土壤理化特性见表 5-129。样地位置:昆玉大道西侧丁字路。

表 5-129　样地二十六土壤理化性质

项目名称	计量单位	检验结果	等级	备注
碱解氮	mg/kg	12.5		养分等级
速效磷	mg/kg	17.9		养分等级
速效钾	mg/kg	329.6		养分等级
有机质	g/kg	2.2	极低	养分等级
pH		8.6	弱碱性	盐碱度分级
含盐量	%	0.30	非盐渍化土	盐渍化等级

27)样地二十七土壤理化特性见表 5-130。样地位置:梅花巷西侧。

表 5-130　样地二十七土壤理化性质

项目名称	计量单位	检验结果	等级	备注
碱解氮	mg/kg	8.0		养分等级
速效磷	mg/kg	32.2		养分等级
速效钾	mg/kg	185.4		养分等级
有机质	g/kg	4.7	极低	养分等级
pH		8.3	弱碱性	盐碱度分级
含盐量	%	0.11	非盐渍化土	盐渍化等级

28)样地二十八土壤理化特性见表 5-131。样地位置:和田昆玉市照明设备公司西侧道路。

表 5-131　样地二十八土壤理化性质

项目名称	计量单位	检验结果	等级	备注
碱解氮	mg/kg	10.8		养分等级
速效磷	mg/kg	49.7		养分等级
速效钾	mg/kg	144.2		养分等级
有机质	g/kg	5.2	极低	养分等级
pH		8.5	弱碱性	盐碱度分级
含盐量	%	0.03	非盐渍化土	盐渍化等级

经实验检测,昆玉市绿化土壤基本全是弱碱性盐渍化土壤,土壤肥力等级低,不易保水保肥。土壤水解性氮、速效磷和速效钾含量较低。对于绿化树种,建议选择耐盐、抗碱性强的品种。尤其注意加强种植期间土壤培肥,施用有机肥或腐殖酸和复合肥提升土壤地力,移栽树种时注意穴施基肥和有机物质。

5.3.4　昆玉市主要绿化树种生理指标测定

参照新疆农业大学冯大千教授的测定方法与因子,选择南疆具有代表性的常用乔、灌木 19 种树木,对其主要光合、水分两个主要生活因子进行测定。

5.3.4.1　光能利用效率分析

实验结果分析:从表 5-132 可以看出,植物叶片的光能利用效率在不同树种间的差异是非常明显的。根据光能利用效率的不同,可以将 19 种园林树木分为三类:

光能利用能力强的树种:紫穗槐、五叶地锦、新疆白榆;

光能利用能力中等的树种:小叶白蜡、白柳、黄果山楂、胡杨、沙枣;

光能利用能力较弱的树种:白桑、火炬树、大叶榆、欧洲荚蒾、红瑞木、丝棉木、裂叶榆、黄金树、山桃、梓树、接骨木。

光能利用能力强,说明该树种能充分利用该地区的光热资源,生产较多的有机物,也利于生态效益的提高。由表 5-132 可以看出,乡土树种比外来树种光能利用效率高,乔木比灌木光能利用效率高。从园林绿化角度讲,在南疆光热资源丰富的自然环境条件下,应广泛种植紫穗槐、新疆白榆、小叶白蜡、白柳、黄果山楂、胡杨、沙枣这几种光能利用能力强的园林树种。

表 5-132　19 种园林树木生长期内光合、水分生理指标比较

树种名称	净光合速率(Pn) $\mu mol \cdot m^{-2} \cdot s^{-1}$	光能利用效率(LUE) $mmolCO_2 / molproton$	光饱和点(Im) $\mu mol \cdot m^{-2} \cdot s^{-1}$	光补偿点(Io) $\mu mol \cdot m^{-2} \cdot s^{-1}$	蒸腾速率(E) $mmolH_2O \cdot m^{-2} \cdot s^{-1}$	水分利用效率(WUE) $\mu molCO_2 / \mu molH_2O$	水分竞争系数(WCC) $\mu molH_2O / \mu molCO_2$
新疆白榆	17.43	14.71	1 700	26	0.02	0.97	1.17
白柳	13.99	11.7	1 700	20	0.01	1.46	0.78
小叶白蜡	13.74	13.82	1 790	22	0.01	1.04	1.02
胡杨	12.42	10.61	1 500	32	0.01	1.11	1.15
黄果山楂	11.64	11.27	1 900	30	0.01	1.02	1.03
火炬树	10.46	9.28	1 750	27	0.01	1.01	1.14
裂叶榆	7.9	7.26	1 000	28	0.01	0.81	1.5
大叶榆	5.65	8.31	1 100	34	0.01	0.73	1.73
黄金树	5.13	6.94	1 000	23	0.01	0.85	1.69
白桑	10.95	9.88	1 800	30	0.01	1.06	1.16
梓树	7.51	5.37	1 600	33	0.01	0.77	1.71
沙枣	11.91	10.4	1 400	25	0.01	0.93	1.3
山桃	8.18	6.91	1 700	14	0.01	0.72	1.8
丝棉木	8.68	7.83	1 480	20	0.01	0.65	1.77
紫穗槐	15.02	21.23	1 720	17	0.04	0.41	2.78
红瑞木	9.05	8.09	1 200	16	0.02	0.63	1.83
接骨木	5.76	4.25	1 180	9	0.01	0.5	2.21
五叶地锦	8.11	16.38	1 650	25	0.01	0.89	1.44
欧洲荚蒾	6.26	8.3	1 300	5	0.02	0.49	2.27

5.3.4.2　树种喜光、耐阴性分析

一般来说,光补偿点低、光饱和点也低的植物具有较强的耐阴性;光补偿点低、光饱和点较高的植物,能适应多种光照环境;光补偿点高、光饱和点也高的植物喜阳,不耐阴。在主要生长时期,对不同树种光合作用的光饱和点和光补偿点进行分析,结果表明,19 种园林树木的光补偿点和光饱和点的顺序均不一致,表明它们的光能利用能力在光强梯度上存在分异。

喜光树种:梓树、胡杨、黄果山楂、白桑;

耐阴树种:红瑞木、接骨木、欧洲荚蒾;

稍耐阴树种:黄金树、裂叶榆、欧洲大叶榆、沙枣;

宽域型树种:山桃、紫穗槐、小叶白蜡、白柳、五叶地锦、新疆白榆、火炬树、欧洲荚蒾。欧洲荚蒾的耐阴性最强,又适应一定光照。

总体来看,就喜光耐阴程度来看,乡土树种大多喜阳,乔木比灌木喜阳;外来树种较乡土树种耐阴,灌木较乔木耐阴。

5.3.4.3　水分利用能力分析

根据水分利用效率的不同,可以将树种分为三类:

水分利用能力强的树种:白柳、胡杨、白桑、小叶白蜡、黄果山楂、火炬树;

水分利用能力中等的树种:新疆白榆、沙枣、五叶地锦、黄金树、裂叶榆、梓树、大叶榆、山桃;

水分利用能力弱的树种:丝棉木、红瑞木、接骨木、欧洲荚蒾、紫穗槐。

总体看来,大乔木比小乔木水分利用能力强,如白柳、胡杨等比山桃、丝棉木水分利用效率高两倍;乔木比灌木水分利用能力强,如白柳、胡杨、桑树等约是接骨木、欧洲荚蒾、紫穗槐的三倍;乡土树种比外来树种水分利用能力强。五叶地锦属外来树种,但水分利用效率较高。大叶榆为乡土树种,但表现不好。

5.3.4.4　树种耐旱性分析

水分竞争能力强的树种:紫穗槐、欧洲荚蒾、接骨木、红瑞木、山桃;

水分竞争能力中等的树种:丝棉木、大叶榆、梓树、黄金树、裂叶榆、五叶地锦、沙枣、新疆白榆、白桑、胡杨;

水分竞争能力弱的树种:火炬树、黄果山楂、小叶白蜡、白柳。

总的来说,灌木比乔木水分竞争系数高,外来树种比乡土树种水分竞争系数高。一般来说,水分利用率高低并不反映植物对干旱生境的适应性。采用水分竞争系数,可在一定程度上表示植物对水分的竞争利用能力。一般来说,水分利用效率高、水分竞争能力也强的树种耐旱;水分利用效率低、水分竞争能力弱的树种不耐旱;水分利用效率中等、水分竞争能力中等的树种耐旱程度中等。

从 19 种树木水分生理指标分析来看,乡土树种较外来树种耐旱,乔木较灌木耐旱。干旱区城市绿化树种选择与配置,不能片面追求湿润、半湿润地区所形成的植物造景效果,而应该根据具体客观自然条件选择节水树种,形成节水植物配置模式,扬长补短,发挥地方优势,形成地方特色。

表 5 - 133 19 种园林树木生长期生态服务功能比较

树种名称	碳氧平衡作用		增湿降温	绿量		
	日间吸收 CO_2 量 $g \cdot m^{-2} \cdot h^{-1}$	日间释放 O_2 量 $g \cdot m^{-2} \cdot h^{-1}$	蒸腾水量 $g \cdot m^{-2} \cdot h^{-1}$	叶面积指数	树冠空间体积 m^3	鲜叶生物量 $kg \cdot m^{-3}$
新疆白榆	2.76	2.01	1.7	2.5	0.55	0.19
白柳	2.22	1.61	1.7	16.41	1.74	0.79
小叶白蜡	2.18	1.58	0.84	30.7	6.29	2.79
胡杨	1.97	1.43	1.5	2.85	3.85	1.31
黄果山楂	1.84	1.34	1.9	53.22	25.37	7.4
火炬树	1.66	1.21	1.75	1.5	1.21	0.19
裂叶榆	1.25	0.91	1	4.41	1.28	0.75
大叶榆	0.89	0.65	1.1	6.61	1.75	0.39
黄金树	0.81	0.59	1	3.53	1.54	0.39
白桑	1.74	1.26	1.8	5.02	1.71	0.86
梓树	1.19	0.87	1.6	1.34	0.65	0.33
沙枣	1.89	1.37	1.4	1.52	0.52	0.2
山桃	1.3	0.94	1.7	1.46	0.46	0.24
丝棉木	1.37	1	1.48	2.55	1.92	1.39
紫穗槐	2.38	1.73	1.72	18.66	7.28	1.36
红瑞木	1.43	1.04	1.2	30.11	18.46	6.21
接骨木	0.91	0.66	1.18	4.22	3.56	1.15
五叶地锦	1.28	0.93	1.65	—	—	—
欧洲菜蓣	0.99	0.72	1.3	85.23	52.01	12.43

5.3.4.5　树种生态服务功能分析

碳氧平衡作用：绿色植物通过光合作用吸收 CO_2，释放 O_2，从而降低了环境中的 CO_2 浓度，补充了 O_2，保持了大气中的碳氧平衡。

根据表 5-133 中碳氧平衡作用的不同，可将 19 种园林树木分为三类：

碳氧平衡作用较小类：梓树、五叶地锦、丝棉木、山桃、欧洲荚蒾、裂叶榆、接骨木、黄金树、大叶榆；

碳氧平衡作用中间类：沙枣、白桑、火炬树、黄果山楂、胡杨、红瑞木；

碳氧平衡作用较大类：紫穗槐、新疆白榆、小叶白蜡、白柳。

目前城市热岛效应、温室效应显著，大量栽植碳氧平衡作用强的树种，消除或减少温室效应产生的不良影响对改善人居环境很重要。总体来看，碳氧平衡作用乔木大于灌木，乡土树种大于外来树种。

5.3.4.6　增湿降温作用

植物通过蒸腾作用向环境中散失水分，同时从周围环境中大量吸热，降低周围环境温度，增加空气湿度。特别是在炎热的夏季，这种增湿降温作用起着改善城市小气候状况、提高城市居民生活环境舒适度的作用。

依据表 5-133 的测定结果分析：

增湿降温作用弱类：黄金树、裂叶榆、小叶白蜡；

增湿降温作用中度类：红瑞木、接骨木、五叶地锦、欧洲荚蒾、胡杨、沙枣、丝棉木、大叶榆；

增湿降温作用强类：紫穗槐、白柳、白桑、梓树、山桃、新疆白榆、黄果山楂、火炬树。

总体看来，乡土树种比外来树种增湿降温作用强，乔木较灌木增湿降温作用强。

5.3.4.7　绿量

由于大气碳氧平衡、增湿降温、净化空气、抑菌滞尘等诸生态功能的有效发挥均直接受树木绿量大小的制约，因此，绿量是城市园林树种选择与配置的重要依据，成为评价城市绿化水平最重要的指标参数。本研究所指的绿量是用叶面积指数、树冠空间体积和鲜叶生物量三个指标来表示。

综合绿量大的树种：欧洲荚蒾、黄果山楂、红瑞木、小叶白蜡、紫穗槐、白柳，这六种树木叶层分布浓密；

综合绿量中等的树种：丝棉木、胡杨、大叶榆、白桑、接骨木、裂叶榆、黄金树、新疆白榆，其叶层分布中等；

综合绿量小的树种：火炬树、沙枣、山桃、梓树，它们的叶层分布较稀疏。

虽然乔木的叶层分布有疏有密,多数乔木单位体积内的绿量小于灌木,但就整株树木来讲,无论从体积,还是从总叶面积、总鲜叶生物量来看,都远远大于灌木。

5.3.5　以昆玉市为代表的南疆城市主要绿化树种筛选结果

5.3.5.1　以昆玉市为代表的新疆南疆地区园林绿化树种

新疆城市园林植被中共有园林栽培植物 326 种,其中乔木 213 种,灌木 98 种,藤本 15 种。根据层次分析法的评价体系及实验数据,对南疆常用园林树种进行评价,筛选出符合干旱区的生态条件且综合评价较好的新优树种,以便进行科学合理的布局,使其最大限度地发挥各方面的效益。

5.3.5.2　综合评价筛选结果——针对干旱区自然条件评价

针对新疆地区干旱缺水、风沙频繁、寒暑异变的严酷自然条件,选择出抗干旱贫瘠性强、抗风性强、抗寒性强的树种。

抗干旱贫瘠性强的树种:乔木有沙地柏、胡杨、银白杨、新疆杨、小意杨、白柳、馒头柳、核桃楸、枫杨、新疆白榆、垂榆、圆冠榆、欧洲白榆、裂叶榆、白桑、鞑靼桑、黑桑、山荆子、海棠果、苹果、梨、山楂、山杏、山桃、杜梨、皂角、国槐、黄檗、火炬树、复叶槭、沙枣、大叶白蜡、新疆小叶白蜡、紫穗槐、暴马丁香;灌木有野巴旦、毛樱桃、风箱果、玫瑰、黄刺玫、月季花、蔷薇、紫穗槐、锦鸡儿类、鼠李、柽柳、沙棘、紫丁香、枸杞、忍冬类等。

抗风性强的树种:河南桧柏、榆树、黑榆、欧洲白榆、沙枣、银白杨、胡杨、新疆野苹果、枫杨、皂荚、旱柳、水曲柳、山杏、白杜、沙棘、柽柳、水蜡、锦鸡儿、黄刺玫、紫穗槐等。

抗寒性强的树种:沙地柏、榆树、圆冠榆、黑榆、杜梨、银灰杨、新疆野苹果、红叶海棠、山荆子、暴马丁香、夏栎、胡桃楸、茶条槭、水曲柳、黄檗、山杏、山桃、火炬、白杜、沙棘、枸杞、柽柳、忍冬、绣线菊、榆叶梅、玫瑰、珍珠梅、紫穗槐等。

观花植物种类中乔木 17 种,灌木 22 种。乔木有红叶李、山桃、李树、山杏、樱桃、毛樱桃、苹果、新疆野苹果、红叶海棠、山荆子、秋子梨、杜梨、文冠果、紫穗槐、沙枣、暴马丁香、黄金树;灌木有黄刺玫、小叶丁香、紫丁香、红丁香、连翘、锦鸡儿、红叶小檗、小花忍冬、四季锦带、接骨木、刺槐、风箱果、山梅花、牡丹、金山绣线菊、金焰绣线菊、珍珠梅、锦带花、忍冬、玫瑰、月季、榆叶梅。

参 考 文 献

[1] 邹锦,颜文涛,曹静娜,等.绿色基础设施实施的规划学途径——基于与
     传统规划技术体系融合的方法[J].中国园林,2014,30(9):92-95.

[2] 杜士强,于德永.城市生态基础设施及其构建原则[J].生态学杂志,
     2010,29(8):1646-1654.

[3] 王芳.城市生态基础设施安全研究[D].武汉:华中科技大学,2005.

[4] 乔青,陆慕秋,袁弘.生态基础设施理论与实践 北京大学景观设计学研
     究院相关研究综述[J].风景园林,2013(2):38-44.

[5] 车伍,吕放放,李俊奇,等.发达国家典型雨洪管理体系及启示[J].中国
     给水排水,2009,25(20):12-17.

[6] 霍华德.明日的田园城市[M].金经元,译.北京:商务印书馆,2010.

[7] 黄肇义,杨东援.国内外生态城市理论研究综述[J].城市规划,2001(1):
     59-66.

[8] 刘滨谊,张德顺,刘晖,等.城市绿色基础设施的研究与实践[J].中国园
     林,2013,29(3):6-10.

[9] 柯布西耶.光辉城市[M].金秋野,王又佳,译.北京:中国建筑工业出版
     社,2011.

[10] 安超,沈清基.基于空间利用生态绩效的绿色基础设施网络构建方法
     [J].风景园林,2013(2):22-31.

[11] 姜丽宁.基于绿色基础设施理论的城市雨洪管理研究[D].杭州:浙江
     农林大学,2013.

[12] 李惊.现代城市景观基础设施的设计思想和实践研究[D].北京:北京
     林业大学,2011.

[13] 芒福德.城市发展史[M].宋俊岭,倪文彦,译.北京:中国建筑工业出版
     社,2005.

[14] 奥姆斯特德.美国城市的文明化[M].王思思,等译.南京:译林出版
     社,2013.

[15] 林奇.城市意象[M].方益萍,何晓军,译.北京:华夏出版社,2001:35
     -46.

[16] 麦克哈格.设计结合自然[M].黄经纬,译.天津:天津大学出版
     社,2003.

[17] 王静文.城市绿色基础设施空间组织与构建研究[J].华中建筑,2014,
      32(2):28-31.

[18] 俞孔坚,李迪华,潮洛蒙.城市生态基础设施建设的十大景观战略[J].
      规划师,2001(6):9-13,17.

[19] 俞孔坚,李迪华,刘海龙."反规划"途径[M].北京:中国建筑工业出版
      社,2005:11-19.

[20] 张善峰,王剑云.让自然做功:融合"雨水管理"的绿色街道景观设计
      [J].生态经济,2011(11):183-189.

[21] 张媛.绿色基础设施视角下的非建设用地保护与利用策略研究[D].武
      汉:华中农业大学,2013.

[22] 李健飞,李林,郭泺,等.基于最小累积阻力模型的珠海市生态适宜性评
      价[J].应用生态学报,2016,29(1):225-232.

[23] 俞孔坚,王思思,李迪华,等.北京城市扩张的生态底线——基本生态系
      统服务及其安全格局[J].城市规划,2010(2):19-24.

[24] 刘焱序,彭建,孙茂龙,等.基于生态适宜与风险控制的城市新区增长边
      界划定:以济宁市太白湖新区为例[J].应用生态学报,2016,27(8):
      2605-2613.

[25] 周雨露,杨永峰,袁伟影,等.基于GIS的济南小清河流域生态敏感性
      分析与评价[J].西北林学院学报,2016,31(3):50-56,62.

[26] 朱虹.基于GIS的工业园土地生态适宜性评价研究[D].大连:大连理
      工大学,2007.

[27] 孙烨,张昀,马小晶.基于生态安全视角的用地适宜性评价方法探索:以
      株洲枫溪生态城为例[J].城市规划学刊,2012(增刊1):234-240.

[28] 邱微,赵庆良,李崧,等.基于"压力-状态-响应"模型的黑龙江省生态安
      全评价研究[J].环境科学,2008,29(4):1148-1152.

[29] 张军以,苏维词,张凤太.基于PSR模型的三峡库区生态经济区土地生
      态安全评价[J].中国环境科学,2011,31(6):1039-1044.

[30] 陈利顶,景永才,孙然好.城市生态安全格局构建:目标、原则和基本框
      架[J].生态学报,2018,38(12):4101-4108.

[31] 王敏,王云才.基于生态风险评价的非建设性用地空间管制研究:以吉
      林长白县龙岗重点片区为例[J].中国园林,2013,29(12):60-66.

[32] 彭建,党威雄,刘焱序,等.景观生态风险评价研究进展与展望[J].地理
      学报,2015,70(4):664-677.

[33]   瞿奇,王云才.基于生态质量评价的村域生态安全格局规划研究:以吉林省长白县孤山子村为例[J].中国城市林业,2013,11(5):32-35.

[34]   苏荇霄.基于海绵城市视角的深圳市口袋公园提升模式与方法研究[D].哈尔滨:哈尔滨工业大学,2015.

[35]   杜莹.基于雨水利用的高校校园景观营造研究[D].郑州:河南农业大学,2014.

[36]   张传平,高伟,刘乐,等.资源型城市克拉玛依的生态可持续发展研究:基于改进的生态足迹模型[J].中国石油大学学报(社会科学版),2014(6):21-25.

[37]   王春晓,林广思.城市绿色雨水基础设施规划和实施:以美国费城为例[J].风景园林,2015(5):25-30.

[38]   王思思,苏义敬,车伍,等.中国城市绿道雨洪管理研究[J].东南大学学报(英文版),2014,30(2):234-239.

[39]   刘颂,刘滨谊,温泉平.城市绿地系统规划[M].北京:中国建筑工业出版社,2011:70-73.

[40]   黄金海.杭州市热岛效应与植被覆盖关系的研究[D].杭州:浙江大学,2006.

[41]   李瑛,曾幕,赵贵章.基于层次分析法的苏贝淖流域植被生态脆弱性评价[J].安徽农业科学,2012,40(24):158-160.

[42]   张浪.特大型城市绿地系统布局结构及其构建研究[M].北京:中国建筑工业出版社,2009:48-79.